朱建国 著

深度记忆：过目不忘的记忆秘诀

中国华侨出版社

北京

前言
preface

　　良好的记忆是获取成功的基石之一，也是许多人登上事业顶峰不可或缺的重要因素。记忆力的好坏，往往是学业、事业成功与否的关键。在历史上，许多杰出人物都有着超凡的记忆力。古罗马的恺撒大帝能记住每一个士兵的面孔和姓名，亚里士多德能把看过的书一字不差地背诵出来，马克思能整段整段地背诵歌德、但丁、莎士比亚等大师的作品……

　　如今，我们生活在一个信息爆炸的时代，每时每刻都有大量新技术知识和信息问世，而其中的一些知识和信息是我们不得不了解甚至要记住的。然而，我们每个人都会遭遇遗忘的问题：写作时提笔忘字，演讲时张口忘词，面对无数个英语单词、计算公式总也记不住，走出家门后突然想起煤气没关，到银行取钱却发现密码记不起来，把合作谈判的重要会议忘在脑后……

　　为什么学习那么用功却总也记不住？为什么电话号码、重要纪念日记了又忘？为什么看到一张十分熟悉的面孔却想不起名字？为什么连重要的谈判会议都能忘词？你是否对自己的记忆力抱怨不已？你的记忆潜能还有多少没有被挖掘出来？你是否想拥有超级记忆力，成为读书高手、考试强将、职场达人？研究表明，人脑潜在的记忆能力是惊人的和超乎想象的，只要掌握了科学的记忆规律和方法，每个人的记忆力都可以提高。

本书是迅速改善和提高记忆力的实用指南，囊括了古今中外应用广泛、记忆高效的方法秘诀；详细地介绍了多种有利于提高记忆效率的"绝招秘技"。它不仅告诉你如何记忆名字、数字、日期、公式、文章、演讲词等，还告诉你如何学习新语言，能快速开发你的记忆潜能，让你的学习更轻松，成功更容易。

记忆力是每个正常人都具有的自然属性与潜在能力，普通人与天才之间并没有不可逾越的鸿沟。记忆力与其他能力一样，是可以通过训练激发出来并在实践中不断提高发展的。本书既是一把进入超级记忆王国的智能钥匙，又是个人必备的挖掘大脑潜能的指南。过目不忘的记忆秘诀能帮你造就某一方面的出色记忆力，记住容易忽视的细节，克服心不在焉的毛病；更能让你的记忆力在各方面都达到杰出水平，轻松记住想记住的事物，让记忆更快、更持久。每个人的大脑都是一部高性能电脑，都具有照相般的记忆潜能，充分发掘这些潜能，就可以记住你想记住的一切。通过阅读此书，你会发现自己在短时间内就能轻松记住单词、诗词，甚至元素周期表，并能应用自如。

随着记忆力的提高，你会发现自己的知识结构更加完善，处理问题更加得心应手；你会发现自己的自信心大大提高，在说话时更有底气，办事时更有效率；你会发现自己的学习力、判断力、分析力和决策力等都得到了增强。记忆力得到提高，我们的学习能力、工作能力和生活能力也将随之提高，甚至我们的个人命运也可以改变。

目录

第九章 着眼身边事，让过目不忘在生活中闪光

第一章
你的记忆力比想象的好，
人人都可以过目不忘

记忆＝记住＋回忆

　　记忆是人类对自己思维中的信息内容进行储备和使用的过程。它是一种心理现象，是人类心智活动的一种。举个例子来说，学生在考试的时候，为什么很多的题目能够回答出来，而一些题目却不能够回答出来？这是因为有些题目所需要的知识是学生在学习中所接触过的，在大脑中还保留着一些印象，所以在考试的时候，这些题目自然能够回答出来；而另外一些题目则恰恰相反，学生自然就回答不出来。学生对之前所学到的知识有印象，这就是记忆。再如，人们之前见过的很多人，虽然现在都不在眼前，但是却能够想到他们的容貌，再次见面的时候也能够很轻松地认出来，这也是记忆。

　　因此我们可以得出结论，人们接触过的某些东西：遇见过的人、学习过的知识、练习过的动作、经历过的事情等，都会在人们的头脑当中留下一些印象，其中的一部分内容和信息还会长期停留在人的头脑中，当人们在一定的条件下，重新接触到这些内容和信息时，会进一步加深印象，这就是记忆。所以，记忆其实就是人的头脑当中对过去经验的保留和恢复的过程。

　　汉语博大精深，关于记忆的概念，"记忆"这个词语本身就已经明确表达出来了：简单来说就是先要记住某些事情，然后还能够回忆出来这些事情，把这两个过程结合在一起就是记忆。在《辞海》中对记忆的定义是：大脑对经历过的事物的识记、保持、再现或再认。

在过去的数千年，特别是最近的几十年当中，记忆的研究领域在逐渐扩大，各种关于记忆的研究方法和理论层出不穷。但是由于记忆的特殊性，对记忆理论的研究，主要存在于现代记忆心理学领域当中。不过，除了对特定记忆现象的研究之外，还没有出现一个让所有人都认可的记忆理论，特别是各个不同的学科，对记忆理论的看法是有很大不同的。

在现代记忆心理学当中，关于记忆理论的观点主要有以下几点。

第一，联结主义观点。

人类对记忆的思考从数千年前就已经开始了，各种关于记忆的理论和观点也出现了很多，其中，流传最久的应该是联结主义观点。联结主义观点的研究者认为，记忆的产生和很多因素有关。这种观点的产生和格式塔心理学有很密切的关系。在格式塔心理学的影响之下，所有的认知心理学家或信息加工论者都认为，学习和记忆中的环境、组织、意义等都是关于记忆的很重要的因素。

第二，生物学观点。

有研究者经过长期的研究之后认为，药物、激素、电刺激和神经系统中的大量神经活性物质都能够改变人体内与记忆的形成、储存和提取有关的一些生理结构，从而影响一个人的记忆。简单来说，生物学观点认为，记忆就是人体内某些以生物学为基础的加工。

◇ 记忆的分类 ◇

根据所要识记的材料本身有无意义，或学习者是否了解其意义，识记可分为机械识记和意义识记。

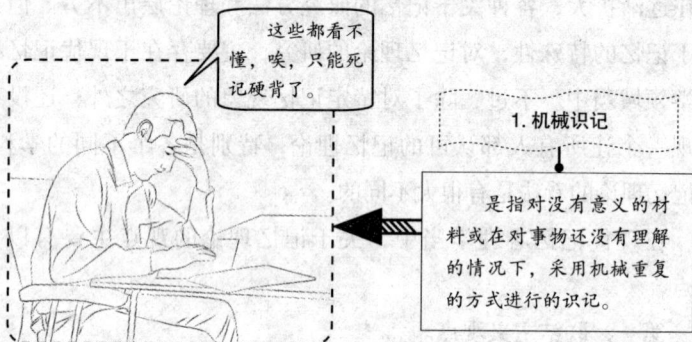

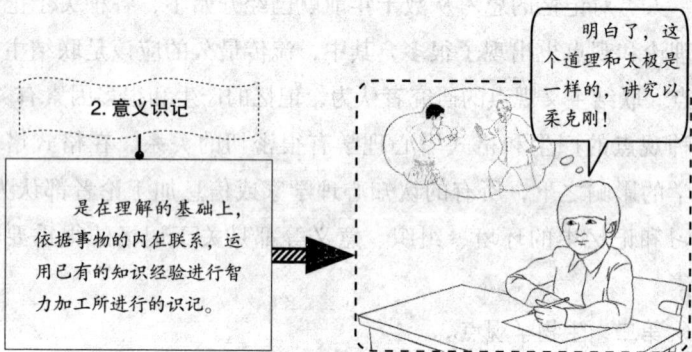

这些都看不懂，唉，只能死记硬背了。

1. 机械识记

是指对没有意义的材料或在对事物还没有理解的情况下，采用机械重复的方式进行的识记。

明白了，这个道理和太极是一样的，讲究以柔克刚！

2. 意义识记

是在理解的基础上，依据事物的内在联系，运用已有的知识经验进行智力加工所进行的识记。

意义识记与机械识记的性质有所不同，但二者不是对立和排斥的，而是相互依存、相互补充的。

第三，信息加工观点。

计算机技术的兴起和发展对世界产生了巨大的影响，关于记忆理论的信息加工观点也就此产生，信息加工观点认为新信息的记忆是有一定的加工过程的。在信息加工的观点中，人的体内就像一部计算机一样，核心部分就是中央加工器，记忆要受到中央加工器的控制，中央加工器负责管理注意力的分配，同时也会帮助提取已经储存的信息，其实也就是一个对输入人脑内的信息进行编码、储存和在一定的条件之下进行提取的过程。

实际上，每一种理论说法都有其自身的道理，都不能说是错误的。虽然具体观点上有所不同，但是有一点是不能否认的，那就是人类的生活离不开记忆，记忆就是人的头脑的重要功能之一，是人们进行一切智力活动的一个重要环节。

遗忘是有规律的

在记忆的过程中，遗忘是必然的。虽然遗忘在每个人身上的表现各不相同，但是它依然是有一定的规律可循的。学者们经过长期的实验和研究后得出结论，认为遗忘的过程中主要有两个规律，一个是艾宾浩斯曲线，另一个是系列位置效应。

艾宾浩斯曲线是德国著名的心理学家艾宾浩斯通过实验的方法研究出的记忆遗忘规律。很多人认为，遗忘的过程是缓慢的，也是不间断的，在时间流逝的同时，记忆也会像是一个泄漏的容器一样，慢慢地把所有的内容漏空。但是，这种想法是错误的，它是人们对遗忘规律的一种误解。

当然，有一点不可否认，遗忘规律确实和时间的流逝有一定的关系，但绝对不是随着时间的流逝而缓慢、不间断地遗忘，而是一个由快变慢的过程。在这个过程中，遗忘的记忆信息并不均衡。

艾宾浩斯经过实验后得出结论，遗忘的过程是遵循着一个对数曲线的变化规律，最初遗忘得很快，然后随着时间的推移，遗忘逐渐减缓。遗忘的过程从信息输入脑海中的时候就已经开始了。大部分新输入人们脑海中的信息，可能在 1 个小时之后就会被忘记。但是从这之后遗忘的速度逐渐开始减慢，可能一个月之后这些新信息的 20% 还留在我们的脑海中。随后剩余这些信息遗忘的过程将更加缓慢，可能在很长的一段时间之后，这些信息还将留在我们的脑海中。

艾宾浩斯曲线总结的规律，只能算得上是正常情况下的记忆遗忘的规律。艾宾浩斯自己也认为，很多因素会影响到记忆的遗忘，如使用的记忆方法、记忆者的重视程度、记忆材料的性质、记忆策略的选择和个人的心理因素等。比如，心理紧张和压力大的时候遗忘的速度必然会加快，而当信息受重视程度非常高的时候，遗忘的速度也一定会减慢。

艾宾浩斯在研究记忆规律的时候，还发现了艾宾浩斯曲线之外的另一种记忆规律，对于一连串的信息，开头的部分和末尾的部分往往比中间的部分更容易记忆，也就是说，一连串信息的中间部分，是最容易被遗忘的。这种趋势叫作首位效应和末尾效应，也叫系列位置效应。

系列位置效应主要是受到被记忆材料的特征的影响，指的是在多个信息连续被记忆的情况下，各个信息因为在记忆时的顺序和位置不同而影响到回忆。一般来说，最后被记忆的信息往往能最先被回忆起来，因为受到近因效应的影响，这些信息被遗忘得

◇ 影响遗忘的因素 ◇

经过研究发现，影响遗忘的其他因素有：

都忘记了！

1. 材料

无意义的材料比有意义的材料遗忘得快；材料多比材料少要遗忘得快。

这部分内容我背诵之后又看过5遍了，想忘记都难了。

2. 熟练程度

在学习的熟练程度上，过度学习比刚刚学能成诵要遗忘得慢。

这一段挺有意思的……

3. 学习的态度

凡是你感兴趣和需要的材料就学得快，记得牢，否则就不易记住。

了解了以上这些关于记忆和遗忘的关系问题，我们就可以有针对性地根据这些因素作出调整，避免遗忘。

最少；因为首因效应的影响，遗忘较少的是最先被记住的信息；处在记忆中间位置的信息是被遗忘得最多的。很多的研究表明，记忆的中间部分更容易被遗忘，它的遗忘次数相当于两端的三倍左右。

系列位置效应形成的原因，主要有两个方面。如果在信息被记忆之后马上进行回忆，那最先记忆的信息可能已经进入了长时记忆系统，因此遗忘得比较少；最后记忆的信息可能还处在短时记忆的阶段，回忆起来相当容易，因此遗忘得也很少；而中间记忆的信息则处在短时记忆向长时记忆过渡的过程中，可能会受到前面信息的阻挡和后面信息的冲击，以及记忆信息之间的相互影响，导致信息流逝，因此遗忘得很多。如果是在记忆信息之后过一段时间再进行回忆，则遗忘现象依然会符合系列位置效应，只是这个时候中间部分信息遗忘得多的原因则是受到了前后信息的抑制的影响。其实这种情况和一些老师记忆学生名字的情况差不多，基本上每个老师在记一个班的学生的时候，最先记住的总是学习好的那一部分和学习最差的那一部分，对于中间的那一部分，总是很容易忘记。

系统位置效应给人们带来了一个好处，它相当于给人们指点了一个进行信息的记忆的正确方法，那就是要把最重要的信息放在开头或者是结尾去记忆，而把那些相对来说不重要的信息放在中间去记忆，免得造成人们对重要信息的遗忘。

遗忘的规律也并不是不能够改变的，但是必须要用一定的方法和策略，同时也需要人们自己去努力。只有对记忆信息不断地复习和使用，才能够真正降低遗忘的速度和改变遗忘的规律。一般来说，对记忆的复习需要坚持五步法则，主要是要求人们要严格把握记忆的时间，第一次是在记忆信息之后马上就进行，第二次是在 24 小时以后，随后在一个星期后、一个月以后和三个月以后，各进行三次复习，这样就保证记忆能长期留在人们的脑海中，改变遗忘的规律。

记忆可以被引导

记忆是可以被引导的，在很多时候，记忆也需要被引导。比如，我们背诵一篇文章，本来已经全部记下来了，但是在背诵的时候由于某些因素而在中间卡住、背诵不出来了，这个时候如果有人提示一下，我们就能够继续背诵下去，这就是一种对记忆的引导。

引导就是在检索事件之前，连续提供一些精心挑选的内容，帮助人们顺利提取记忆信息，这是一种能够影响记忆的暗示。学生们在考试的时候，经常会碰到填空题，就是给一句话，中间有几个地方是空着的，需要学生去填写正确的词语或句子，那些已经给出的词语或句子起到的就是一种引导作用，引导学生们填写上没有给出的词语或句子。再如，以前有一档综艺节目，有一个环节就是给出一段歌词，然后让嘉宾接唱出下面的歌词，那些已经给出的歌词的作用也是引导嘉宾的记忆。

引导的作用是巨大的，通过对记忆的引导，人们可能会了解和解决一些很重要的事情。比如，我们丢失了一件很重要的物品，但是怎么也想不起来是在哪里丢的，这个时候就需要对记忆进行引导，要先想起自己都去了哪里，然后都做了什么，还有最后一次看到这件物品是在哪里等，通过这样一层一层的引导，找到物品丢失的地点，随后再去寻找。再如，警务人员查一些重大的案件，如杀人案时，很多目击者可能是因为受到了惊吓或刺激而不愿意去回忆当时的场面，这就会给警务人员查案带来很大的困难，这个时候，为了顺利地破案，警务人员就需要对目击者进行引导，引导他们说出自己所看到的真相，以此来方便自己顺利破案。

任何人的记忆都有可能被引导，这一点每个人应该都能感受得到。但是，经过研究证明，记忆最容易被引导的人群还是儿童。因为儿童的许多事情都要依靠成年人，有些时候，为了取悦成年人和获得成年人的信任，儿童的记忆就会在压力之下变得脆弱不堪。一旦出现这种情况，儿童的记忆就很容易受到成年人的引导。

你的记性比你想象的好

很多人总是认为自己的记忆力是有限的，有些时候会因为一件事情充满在大脑中，就不去记忆其他事情，实际上这是一种错误的做法。一方面人的大脑能够毫不费力地接收大量信息，不存在一个信息把另一个信息从大脑当中挤出去的情况，如果真的出现某些信息被挤出去的情况，那就说明并没有形成记忆；另一方面是因为人们不能充分利用自己的想象力，想象力能够把所有输入大脑当中的信息全部变成自己的记忆。曾经有一个非常令人震惊的研究结论中提到，我们一生能够记住 10 亿信息单位，实际上这些信息单位所占用的空间，还不到我们记忆容量的 10%，还有90% 的容量没有被使用过。所以说，只要人们能够充分发挥自己的想象力，应该没有任何东西是不能记忆的。我们的记忆其实是无限的。

既然记忆是无限的，每个人的记忆都是非常好的，为什么又会经常出现一些遗忘了某些信息的事情呢？比如，一个学生在考

◇ 影响记忆的原因 ◇

人们总是会因为各种各样的原因而对某些东西进行选择性的记忆。影响记忆的原因有很多：

> 这山可真漂亮啊，一草一木都印在我脑海里了。

1. 需要人们去记忆的东西本身的性质。如果是一件让人开心的事情，那人们肯定非常愿意去记住它；如果是一件让人沮丧或者是悲伤的事情，那么人们就一定不愿意去记住它。

2. 人自身的兴趣爱好。人们对感兴趣的东西记忆起来总是相对容易一点。比如，喜欢语文，在背诵语文课文时就会比背诵其他科目快一些。

> 最烦化学了，这些公式完全记不住啊。

> 看你今天心情不错，连谱子都记得快了！

3. 自身情绪的问题。人在高兴的时候看什么都是快乐的，那么就有可能记住很多的事情；而在悲伤的时候就什么都不会去关注，这样肯定也记不住什么。

试的时候，特别是在考数学的时候，碰到一道题总是感觉老师讲过了无数次，但是就是想不起来这道题究竟应该怎么解答，难道这不是记性不好的原因吗？再如，我们去买东西的时候也经常会遇到一些这方面的问题，明明我们在家里的时候已经计划好了具体要买的所有东西，但是等到把东西买回来之后就会发现某些东西忘记买了，或者是明明有人在之前叮嘱我们好几次都要买什么东西，但是真正买回来的时候还是发现忘记了买某些东西，这不也是记性不好的原因吗？

碰到上面所说的情况，基本上每个人都把责任推给自己的记忆力，认为这些都是记忆力不好的原因。比如，考试回答不上来的问题，当老师在考试之后询问你为什么讲过无数次的问题还是回答不上来的时候，你一定会说自己记性不好，老师之前讲解的时候记住了，但是考试的时候却忘记了。可是实际情况却并不是这样的，事实上出现这种情况并不是人们记忆力不好的原因，比如说电话号码，在现在这个人手一部手机的年代，每个人都需要去记录一些别人的电话号码，但是，有些人的电话号码可能人家说一次之后，我们就能清楚地记住，如父母或者是兄弟、亲人的；而有些人的电话号码我们却不一定能够记得住，如一个比较普通的朋友的，这样的号码我们必须要存储在手机里才行。那么为什么同样都是电话号码，同样都是 11 个数字，有的我们能记住，而有的我们就记不住呢？这是因为有些号码我们是真的用心去记忆了，所以我们记住了，而另外一些我们则没有认真去记忆，所以也只能有一个大概的印象，必须要经过提醒才能想起来，这其实就是没记住。

很多时候有的东西我们之所以记不住，并不是因为我们的记性不好，而是因为我们没有用心也没有认真地去记忆。

还有一种观点认为人的记忆力的好坏，和人们自身的年龄有一定的关系。关于这个观点，不能说完全正确，但是它也有一定的道理。比如，人们的记忆力确实是在 16 岁到 23 岁处于巅峰时期，那是因为这一时期的年轻人是思想最活跃的时期，接受能力强，也喜欢去接触各种各样不同的新鲜事物，自然能记住的东西就多，显然是不能指望一个刚出生还什么都不懂的孩子和成年人比记忆。但是，我们小的时候上学会忘记做作业，而长大了工作之后也有可能会忘记做一些工作，这显然和年龄是没有关系的。所以，我们既不能够完全否认年龄对记忆力的影响，也不能承认年龄对记忆力有决定性的影响。年龄可能会在客观上影响人的记忆力，但是两者之间并没有直接的关系。只要人们在有能力的情况之下认真地去记忆，年龄这个问题对记忆来说就不是问题了。

正是因各种各样的原因导致了人们总是会记不住一些东西，所以就给人们造成了一种错觉，那就是自己的记忆力不好。实际上只要平时对自己想记住的东西多用心，认真去记忆，那就没有任何东西是不能够记住的。所以说，关于记性不好完全没有任何必要担忧，很多人的记性都远远比自己想象当中的要好得多。

人的记忆力的空间是无限的，但是大部分还处于一种没有开发的状态，或者是说人们只是有那个潜力，但是却并不是天生就有那么大的能力。这就要求人们在进行记忆的时候一定要努力、认真、用心，这样才能够把自身记忆的潜力开发出来，才能真正地记住越来越多的东西。

有自信心才能有好记忆

一个正确的态度，对人们提高记忆力有很大的帮助。确切地说，正确的态度就是要有足够的自信心，只要人们自己相信自己能记住，那就一定能记住。事实证明，凡是对自己的记忆充满信心的人，记忆力都非常好。

自信心是进行记忆活动时最重要的心理准备之一。很多人总是认为自己的记忆力不好，其实并不是记忆本身的原因，而是人们缺乏自信心。大多数时候，我们都满足于自己的心理预言，认为自己只能够达到自己认为的水平，事实上，只要有自信心，我们的记忆能力就是无限的。

心理学研究表明，在进行记忆活动的时候，在有信心的情况下比在没有信心的情况下记忆得更好。那为什么有自信心就能提高记忆效果而没有自信心却会降低记忆效果呢？

人自身的态度对记忆力有很大的影响。心理学研究表明，在有信心的情况下记忆，要比在没有信心的情况下记忆会更好。对记忆有自信，认为自己一定能记住，能极大地调动大脑神经细胞的积极性，使大脑神经细胞充分活跃起来，从而在大脑皮层当中产生一个很强的兴奋中心，同时抑制其他无关记忆的部位，使整个大脑神经细胞都为记忆信息这一个活动进行运动，这样就能够使大脑对记忆信息留下最深刻的印象，从而提高人的记忆。而缺乏自信，会对大脑内部的神经细胞产生一种抑制作用，影响大脑对信息的接收、加工、储存和提取，降低大脑的工作能力，从而使人的记忆力降低，并且需要用到的信息也不能够从大脑中提取出来。当一个人缺乏自信心的时候，总是会觉得自己什么事情都做不好。

没有自信心会造成一种恶性循环，缺乏自信心会影响人的记忆效果，而记忆效果不好又会使人的自信心越来越差。这种恶性的循环，对记忆效果的影响将更大。当一个人总是缺乏自信心暗示自己的记忆力不行时，人的记忆效果就会越来越低，本来能够记住的东西，也会变得记不住。

事实上，人根本就没有必要对自己的记忆力缺乏信心，研究表明，人的大脑有 90% 的能力处在未开发的阶段，人们可以放心地去记忆，不用担心大脑中没有地方存放。所以，我们完全可以用无比强大的自信，放心大胆地去记忆任何信息。

缺乏自信心是一种心理问题，想要改变这种情况并不是一朝一夕的。自信心需要一定的方法来培养。

第一，要进行有效的心理调节，抛弃自己心里面认为自己记性不好、记不住等想法和观念，去掉这种与记忆活动事实不符的自卑感。要坚信自己的记忆力和所有人是一样的，别人能记住的东西，自己也能够记住。同时要经常暗示自己和说服自己，把自信心深深地印在自己的脑海中。

第二，要按照一定的方法和策略进行记忆活动，而不是盲目地记忆，多积累一些成功记忆的经验，自信心自然就能得到提高。综合运用各种记忆方法和策略，扬长避短，找到最适合自己的记忆方法进行记忆，使自己能够记忆的东西越来越多，用这种事实来增强自身的自信心。这样，在人的记忆能力得到增强之后，人的自信心也逐渐增加，随着自信心的增加人记忆的东西也越来越多，形成一个良性的循环，逐渐就能改变人的记忆能力，提升人

◇ 幸运物品对自信心的作用 ◇

遇到比较重大的事情，人们往往比较紧张，当有幸运物品放在自己身边的时候会有不一样的结果：

> 我带着我的幸运笔来考试，完全不紧张！

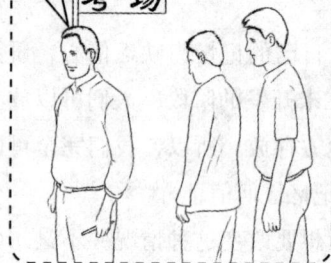

> 有你在，我一定能成功，幸运的胸花！

1. 它会让人们在精神上得到安慰，让人感到安心和放心，这样就不会出现紧张的情况。

2. 当幸运物品在人们身边的时候，人们会觉得自己做什么事情都会获得成功，增加了自信心，就增加了进行各种活动成功的概率。

因此，幸运物品主要就是为了增强人们的自信心和消除紧张的心理。只要拥有强烈的自信心和不会产生紧张情绪的强大心脏，有没有这个幸运物品都不会产生问题。

的记忆质量，使记忆得到最大限度的提高。

当然，还有一个办法能够增强人的自信心，那就是服用超人药片。超人药片是一种神奇的药品，普通人吃了超人药片之后可以拥有超能力，从而能够创造各种各样的奇迹。

那么在这里为什么说服用超人药片，能够帮人们在现实生活中取得好成绩呢？这个超人药片究竟是哪儿来的呢？实际上，超人药片只是人们想象出来的东西，在现实生活中并不存在这样神奇的药物，这里的超人药片并不是指我们生病时吃的那种药物，也并不是特定指代某种东西，它可以是吃的、穿的、用的等各个方面的东西，也可以是一个号码、一个数字、一段话等一些虚幻的事物，这些都可能是超人药片。对不同的人来说，超人药片也可能是不同的，但是它的作用却是固定的，那就是给人们带来信心、勇气和运气，帮助人们去做一些平时不敢想或做不出来的事情。事实上，这里的超人药片可以理解为人们的幸运物品。

在现实生活中，我们经常会发现一些很特别的事情：如在一些比赛中需要运动员选择号码的时候，有些人会要求一些特定的号码，因为他们认为那是自己的幸运号码，穿这个号码会给自己带来好运，并且会让自己感觉更有力量；还有一些人会在特定的日子穿上特定的衣服，如有人每次考试的时候，都会穿上固定搭配的衣服，因为这是他的幸运装束，能让他考出更好的成绩。

然而，事实上，幸运物品并不能够给人们带来自身实力上的提升。那么为什么会有很多人觉得使用了自己的幸运物品之后，自己的能力得到了提升呢？这主要是受到了心理因素的影响。

每个人都有一定的能力，但是当真正有机会展现自己的能力的时候，很多人并不能全部展示出来，这种情况很多时候是因为心理紧张或者是缺乏自信。

当人们心理紧张的时候，可能会产生一种短暂的遗忘现象，主要是因为这个时候大脑的精力全部集中在自己紧张的情绪上面，从而使大脑不能对储存在记忆系统中的信息进行正常提取，导致很多已经记忆的信息不能帮助自己，从而影响自己能力的发挥。比如，很多人在高考的时候取得的成绩，没有平时模拟考试的成绩好，大多数其实是人们在参加高考的时候过于紧张造成的。

当然，如果必须要借助外力才能够消除紧张心理和获得自信心，那么就可以为自己找一些幸运物品，可以是一套衣服，可以是一句话，可以是座右铭，可以是祷告的经文，只要在人们做事情之前给人们带来动力，消除紧张心理并且增加自信，任何东西都可以成为超人药片。

提高记忆的途径——记忆术

人之所以异于万物，就在于人有思考的能力。人在思考的时候，常会将过去的经验、知识，以及储存在脑海里的各种印象提取出来，这种活动就是记忆。

记忆对一个人来说，具有重要的作用。记忆力的好坏，往往是事业、学业能否成功的关键，它是人们进行一切心理活动的基础，基本上人们做什么事情都离不开记忆的帮助。现在却有很多人认为，一个人的记忆是天生的，生下来的时候记忆是什么样，长大后的记忆就是什么样，没有办法改变，因此才产生了人与人之间的差别，也是一些人没有另外的一些人有能力的原因。但是从很多的科学研究成果以及一些事实来看，这种看法实际上是一种错误的观点，人的记忆力其实并不是天生的。

关于这一点，前人早就提出来过。最权威的记忆研究专家凯文·都迪就说过："人类的记忆力是可以无限被提高的，这一点毋庸置疑；但是究竟要怎么样去提高，如何实现，现在仍然是个谜。"从这里就可以看出来，其实人类一直都没有停止关于提高记忆力的方法的探索。古希腊的思想家亚里士多德也说过："记忆为智慧之母。"

训练提高记忆力的方法主要有两种，一种是自然方法，另一种是人工方法。所谓的自然方法，实际上就是一种在遵循心理学的原理下，去提高记忆力的方法；而人工方法就是一种和心理学的法则相违背的方法。大家都知道，人无论做什么事情，都要遵循一定的规律和法则，提高记忆力也一样。因而从这两种方法上来看，明显是自然方法大大好于人工方法，因为它是遵循了心理学的规律的，事实上记忆本身就服从于一种心理学上的原理。

对于这一点，也有很多人都证实了。美国学者、作家和哲学家诺亚·波特就说过："自然记忆相对于人工记忆来说更依赖于和感官及思维之间的关系。人们对许多事物的印象会随着时间和空间的转换而消退，眼睛和耳朵能够通过食物这个较为明显的关联无意间记住它们。有意识记忆的基础是无意识记忆。人工记忆是对自然记忆的补充，在这个过程中，所有被记忆的对象都会自动排列，组成一个全新的关系体系，帮助我们进行记忆，不让我们产生任何其他的兴趣。这显然会减少他们本应有的兴趣和关注。"格兰维尔也说过："大多数提高记忆力的方法是有缺陷的：当利用它们来对某些特定的事物留下印象的时候，它们并没有变成记忆。"这里说的意思其实是用人工方法提高的记忆，根本就不能够算作真正的记忆。福勒也说过："记忆的艺术也许会破坏自然的记忆，这就像眼镜会破坏事物的美感一样。"这里说的记忆的艺术其实指的也是人工提高记忆力的方法。虽然说这些人的说法并不相同，所持的观点也并不是完全一致的，但是有一点却是一样的，那就是他们都支持用自然方法提高记忆力，而排斥人工的方法。

所以，综合来看，想要提高记忆力，就必须遵循心理学的规律，通过自然方法来进行。

提高记忆力的自然方法是以法国哲学家和文学家赫尔维修斯提出的一种观点作为基础的，他认为记忆力的增强首先要依赖于人们平时对它的使用，其次要依赖于人们对被记忆对象的关注程度，还有就是人们的各种想法在大脑中的排列次序。

第一点是多用、多练、多重复。其实不论做什么事情，多用、多练、多重复都是有好处的，正所谓熟能生巧。就像我们平常坐在电脑前打字一样，经常打字的人一定会比偶尔才打字的人速度要快得多，这其实就是一个熟能生巧的过程，熟练了，速度自然就快了。最近看了一部电视剧，里面有一个镜头说的是特种兵练习持狙击枪的姿势，那个教官的一句话让人记忆深刻，他说这个姿势想要达到完美的程度必须要经过成千上万次的练习，因为这样就会在人体的肌肉上形成一种肌肉记忆，之后再拿起狙击枪的时候就会不自觉地用到这个姿势，这其实就是多用、多练、多重复的结果。记忆力和这些东西都是一样的，长久荒废就会萎缩，合理利用和练习就能够强化。

想要让自己的记忆力得到提高，就必须要按照科学的方法不断进行练习，提高记忆力是没有捷径的。哈勒克说过："记忆力需要合理的方法和持久的练习才能得到提升，对大脑的培养是没有捷径可以走的。遵照心理学的原则进行，那所走的已经是最短的道路了。记忆力的进步是需要循序渐进的。"所以，一定要在平常多练习和使用自己的记忆力，这样才能够让记忆力得到提高。

第二点是对注意力和兴趣的培养。哈勒克说："朦胧的感知大多是来自模糊的记忆，如果是感知确切的，那么就一定是清晰的

◇ 记忆力并非天生的 ◇

好多年不背东西，脑子都不好使了……

1. 记忆力的强弱并非天生的。记忆力和其他的一些大脑官能和生理功能一样，会因为长久的荒废而萎缩。

奋斗

2. 但是记忆力也能够因为得到一些适当合理的练习和使用而得到强化，这需要我们在日常生活中多进行练习，达到熟能生巧的程度。

我这没日没夜地背，怎么还是记不住呢？

3. 当然，对记忆力的练习和使用需要一定的方法，盲目地、不按照特定原则和规律去进行，不会提高记忆力。

记忆。"在心理学上，着重强调对注意力和专注能力的培养，因为这是培养良好记忆力的先决条件，只有在注意力上面没有缺陷，那么在记忆力上才没有缺陷。举个例子来说，在你面前放两样东西：一件是你喜欢的，另一件是你不喜欢的，对于你喜欢的东西你肯定很感兴趣，也肯定着重观察这件东西，那么到最后你肯定是记住了喜欢的东西，而记不住不喜欢的东西。有人把这个原因归结为自己的记忆已经装不下东西了。那么如果在你的面前再放一个你很喜欢的东西呢？我想最后的结果是你还能够记住，这就说明记忆中装不下东西了这个观点是不成立的，归根到底还是自己感不感兴趣。因此，想要提高自己的记忆力，就一定要培养出良好的注意力。

第三点就是注重关联关系。哈勒克认为："当事物之间存在某些关联关系的时候，它们就会更容易被记住。"其实这一点在现实生活中我们就经常能够用到，比如说很多人在最初学习英语的时候，因为怕记不住英文单词的读音，所以经常会用和英文单词读音相同的汉字来标注一下，方便自己的记忆，其实这就是通过汉字的读音和英文单词读音之间的联系，来加强自己的记忆。这就证明了通过事物之间的联系来进行记忆，是可以加强一个人的记忆力的。

实际上，对于上面提到的这些提高人类记忆力的方法，我们可以用一个词语来概括，那就是记忆术。当然，一切的理论只有付诸实践才是有意义的，所以想要提高自己的记忆力就一定要把记忆术全部应用到实践当中，这样就一定能够提高自己的记忆力。

记忆策略的主要原则

每个人都要选择最适合自己的记忆策略，由于各种因素的影响，这个选择的范围是狭窄的。但是，输入人脑当中的信息是不计其数的，种类也是多种多样的，这意味着人们必须要用有限的方法对多种多样的信息进行选择和筛选，达到对信息进行最佳的处理。因此，人们在处理和记忆信息的时候就要坚持以下几点主要的原则。

第一，要把输入人脑中的信息有效地组织起来。

各种信息在输入人脑当中的时候，是没有顺序和规律的，而是各种不同的信息掺杂在一起，同时输入人脑当中，这就给人们的记忆带来了麻烦。因此，想要把这些信息全都清楚地记住，就必须要把信息重新和有效地组织起来，最重要的就是建立一定的联系，这样才能方便人们记忆。

首先，要做好事先的计划。无论做什么事情都需要有一个清晰的计划，如打一场战争，在开始之前一定要先计划好怎么打、用多少部队打、在哪里打、要取得什么样的战果等，记忆也是一样的，一定要事先知道输入人脑当中的信息，哪些是需要记忆的，哪些是无意义、不需要记忆的。这就是说，人们一定要有目的地去记忆，这样才能够让记忆变得更有效率，也更准确。另外，事先作计划还有一个重要的目的就是对信息进行分类，这本身就是记忆过程中需要遵循的一条原则。任何东西在分类之后都能更方便地提取，就比如商店会把相同种类的商品放在一起，方便顾客进行挑选；教科书上面也是把同一学科的知识放在一本书当中方便学生学习，而不是把各个学科的知识放在同一本书当中。信息分类之后也同样能够方便人们记忆。把信息分类，简单点说就是把同一种类的信息放在一起进行记忆，就是在信息之间建立等级联系，或者将它们集中到同一类别的知识条目当中，计划好各种信息应该选择什么样的记忆方式，这样就能够准确有效地记忆各种信息。

其次，要对信息进行重新组合。很多信息在输入人脑中的时候是没有任何顺序的，可能没头没尾，也可能杂乱无章，这就给人们的记忆带来了很大的困难。因此，想要记住这些信息，就必须把这些信息全部拆分开，改变原来的排列顺序，重新进行排列组合，达到总体的连贯性，这样就能够方便人们记忆。比如，在买东西的时候，要根据商店放置商品的位置来作计划，这样就能够避免在具体买的时候来回走重复的道路。在记忆的时候适当缩减信息的数量，也是一种对信息重新组合的方法。很多时候信息组合的结构都是复杂的，有时候甚至是重复的，在这种情况下，就可以通过减少某种信息的数量，组成更简单的信息结构来记忆。比如，记忆一组很长的数字，就可以把这些数字分隔开来，几个数字一组分别记忆，这样远比所有数字一起记忆简单得多，就像我们记手机号码，通常都会分三组进行记忆，就是这个道理。

第二，要学会联想。

将要记住的东西和已知的东西之间建立联系的过程就是联想。联想的重点其实就是发挥想象力，这是一种主动的行为，需要我们在进行记忆活动的时候主动去激发。这种联想的方式是有一定好处的，很多的时候输入人脑中的信息并不一定会和我们已知的记忆有关系，这种情况下就使得人们必须死记硬背。但是如果我

◇ 把新输入的信息和已知信息建立联系 ◇

如果能够把新输入脑中的信息和自己本身所记忆的有关系的信息联系在一起，就更能够方便人们去记忆。

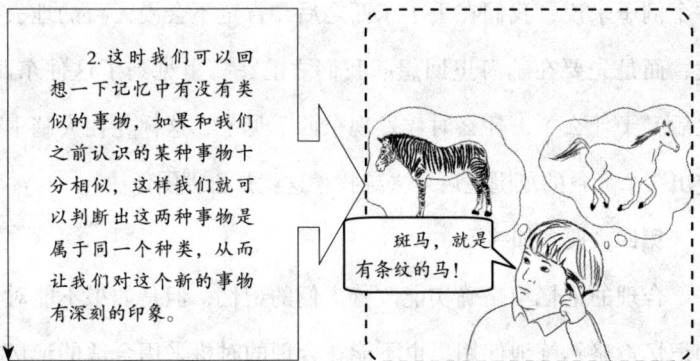

斑马是
什么……

宝贝快看，
这是斑马……

1. 比如说我们遇到了一个新鲜的事物，这个事物是我们原先不认识的，这样记忆起来就会慢一些。

2. 这时我们可以回想一下记忆中有没有类似的事物，如果和我们之前认识的某种事物十分相似，这样我们就可以判断出这两种事物是属于同一个种类，从而让我们对这个新的事物有深刻的印象。

斑马，就是
有条纹的马！

很多的信息之间都存在千丝万缕的联系，把那些有联系的信息放在一起，就会方便我们记忆。

们能通过联想的方式，把事物和已知的记忆建立起一定的逻辑关系，那就会方便人们记忆。比如，人们看到了一头非常凶猛的野兽，可能会不自觉将其和老虎联系起来，这样就能够加强人们对于这种猛兽的记忆，可能下次再见到老虎的时候，就自然而然地想起这种猛兽，这就是一种联想的方式。

第三，要会构建心理图像。

心理图像法是最有效的记忆方法之一，心理图像就是对具体视觉感知进行想象后的综合图像，它能使人们记住较为复杂的信息，也适用于变化多端的情况。在日常生活中，它有助于人们想起丢失的物品的过程，或者是出门需要到达的目的地的最短路线。举个例子来说，我们在丢了东西之后，肯定不会漫无目的地去寻找，而是先要在脑海里回想起我们之前在哪里见到了这件东西，之后又干什么了，什么时候发现东西不见了，这样先在大脑中确定出一个大致的范围之后才去寻找，这就是心理图像法。

第四，要多加练习。

合理的记忆策略确实能改善人们的记忆，但是如果不能对各种记忆策略熟练地使用，也不能在合理的时机采用合适的记忆策略，那么再高明的记忆策略也没有任何用处。因此，一定要多加练习，把在任何情况下都能采取合适的记忆策略，锻炼成我们的习惯性行为，只有这样，记忆策略才是有效的。

第二章 科学训练，实现过目不忘就如此简单

找到适合自己的记忆方法

人们在日常的学习和生活中，想要培养和提高自己的记忆力，就必须运用一定的记忆方法和记忆术。但是，提高记忆的方法有很多种，不仅包括思维性记忆方法、对象性记忆方法、时间性记忆方法和感官性记忆方法等特殊方法，还包括联想、组块和媒介等一般的记忆方法，并不是说想要提高记忆力就要把所有的记忆方法全部用上，而是要有选择性地运用。

第一是要灵活运用各种不同的记忆方法。各种不同的记忆方法对记忆各种信息有不同的效果，因此想要提高和培养自身的记忆能力，就必须要根据记忆材料的不同来选择记忆方法。掌握灵活运用的原则，有时候有些记忆材料需要多种方法的共同运用才能记住，这时候人们就必须做好选择，把最适合的方法结合到一起进行记忆。

第二是要选择最适合自己的记忆方法。记忆方法和人的容貌是一样的，每个人都有自己的容貌，人与人的容貌是千差万别的；每个人也都有最适合自己的记忆方法。有些人可能会在清晨记忆效果最好，有些人可能在夜深人静的时候记忆效果最好，有些人可能习惯在安静的环境下进行记忆，有些人可能习惯于一边写一边记，有些人可能必须要在一些辅助策略的情况下才能更好地记忆。因此，人们要想使自己的记忆效率更高，记忆更持久和牢固，找到一个适合自己的记忆方法至关重要。

一个记忆方法到底适不适合自己，要根据一定的原则来进行判断。

第一，根据记忆的材料和种类判断。

记忆的材料和种类是多种多样的，有些是直观的，有些是抽象的；有些是文字材料，有些是影像材料；有些是有意义的材料，有些是无意义的材料。人们究竟对哪种材料的记忆效果最好是因人而异的。一般来说，成年人对文字材料记忆效果好，而儿童对直观的材料记忆效果好，有意义的材料也比无意义的材料更容易记忆，不容易被遗忘。因此，人们不能总是选择单一的材料进行记忆，否则会由于特定区域的工作时间长，产生大脑抑制，使人们变得疲劳，记忆效果也变差。当然，这也要根据个人的特点去选择和总结。

第二，根据时间判断。

每个人都有自己最佳的记忆时间，这个时间需要人们自己去探索和发现。摸索出自己的最佳记忆时间之后，利用这段时间选择有效的记忆方法进行记忆，就能够有效地提高自己的记忆力。

第三，要根据记忆材料的数量判断。

很多时候，记忆材料的数量越多，人们遗忘的就会越多，所以人们一次记忆材料的数量不宜过多。虽然人的记忆力在理论上是无限的，但是每个人在同一时间记忆材料的数量是有限的，人们必须找准自己在同一时间能够记忆的信息数量，随后根据自己能记忆的信息数量选择最适合自己的记忆方法。

提高记忆效率的条件

在日常生活中，人们经常会发现，对于一个相同的信息，有些人记忆快，并且记忆效果好；有些人则记忆慢，而且记忆效果不好，这主要是因为人们的记忆效率不同。因此，人们要想更好地记忆信息，就必须想办法提高自己的记忆效率。

第一，要有效地组织信息。

各种信息在输入大脑当中时，在顺序和规律上的表现是混乱的，不同的信息会掺杂在一起，同时输入大脑中，给人们的记忆带来麻烦。因此，要提高记忆效率，就要把信息重新和有效地组织起来，这样记忆才会更有效率。

组织信息有两种方式，分别是事先作计划和对信息进行重组。无论做什么事情都需要有一个清晰的计划，记忆也一样，一定要事先知道输入大脑当中的信息，哪些是需要记忆的，哪些是无意义、不需要记忆的，这样才能够让记忆变得更有效率，也更准确。另外，很多信息在输入大脑中的时候，是没有任何顺序的，可能没头没尾，也可能杂乱无章，这就给人们记忆信息带来了很大的困难。因此，想要记住这些信息，就必须把这些信息全部拆分开，改变原来的排列顺序，重新进行排列组合，建立一个总体的连贯性，这样就能够方便人们记忆，记忆的时候也更有效率。

第二，学会构建心理图像。

心理图像能使人们记住较为复杂的信息，有效地提升人们的记忆效率。一般在人们记忆复杂信息时，都会没有任何头绪，不知道到底该从哪里开始记忆，这就使人们记忆信息时非常缓慢，

◇ 提高记忆效率的方法 ◇

　　良好的记忆效率能够帮助人们更好并且更有效率地记忆信息。那么，如何提高自己的记忆效率呢？

1. 善于排除干扰

　　要寻找安静的学习环境，如果在公园里看书，效果肯定不尽如人意，而在安静的环境下则好得多。另外，在学习的时候，心中不要想其他的事情，专心投入学习。

2. 设定记忆目标

　　明确自己在一定时间内的任务量，提醒自己要集中注意力，经常这样练习，潜意识里就会有这种印象，学习质量肯定会有所提高。

今天的目标是背诵 10 页的内容！

3. 讲究劳逸结合

　　人的记忆是有曲线的，不要盲目地学习，而且你不能把学习当作一种负担，而要当作一种乐趣，从学习中找到快乐！

没有效率。构建心理图像，能够快速帮助人们找到复杂信息的源头，把信息进行分解并且重新组合，这样就有助于人们记忆，能极大地提高人们的记忆效率。

第三，合理分配记忆阶段。

在记忆的时候，把信息集中在一段时间进行记忆和分几段时间进行记忆是有很大不同的。前一种情况可能在记忆疲劳之前得到了足够的休息，并且给记忆信息留下足够的吸收和理解的时间，能使人们的记忆变得更有效率。

第四，多种编码方式相结合。

很多信息非常复杂，使用一种编码的方式进行记忆效果并不好。比如，上课时老师给学生讲一些理论性非常强的知识，如果学生只是通过用耳朵听来记忆，知识的记忆效果并不好，即使记住了，也要花费很多的时间。而如果把听和做笔记两种方法结合起来，记忆效果就会非常好，记忆的效率也很高。

第五，转换视角进行记忆。

一个信息的角度是多种多样的，很多时候我们记忆困难，是因为我们选择的角度和视角不对。如果我们能够转换一下视角，选择一个最简单的视角进行记忆，记忆就会变得非常有效率。

记忆体操，平衡你的左右脑

人们天生的记忆潜力是不能被改变的，但是采用科学的记忆方法提高记忆效果却完全能够实现。事实证明，人们的记忆力是完全能够被训练的。人们可以通过训练学会运用科学的记忆策略和方法，弥补人们天生的记忆力上的缺陷，大大提高记忆效率和改善记忆效果。

提高记忆力的一个重要方法是体操训练法。

人们可以通过锻炼来提高身体的能力，记忆也一样，人们可以通过做记忆体操，使记忆力得到训练和提高。

大脑包括左半球和右半球两个部分，分别管理着人们的运动和感觉系统。其中左脑半球支配身体右侧的感觉和运动，而右脑半球管理着身体左侧的感觉和运动。科学研究证明，左脑半球主要负责抽象思维的运动，主要包括语言、逻辑、数学、分析判断和其他科学活动；右脑半球主要负责形象思维活动，主要包括空间关系、艺术和直觉活动等。由于大部分人的主要活动依靠人们的右侧身体部分，因此人们的左脑半球很容易产生疲劳，而人们则可以通过增强左侧身体的体操运动，增加右脑半球对左脑半球的平衡和协调作用，减轻左脑半球的负担，改善人们的记忆能力。

这种单侧体操的训练主要有五个要领：每个训练要领都要重复做 8 次。

要领一：1. 全神贯注地站立并且左手紧紧握着拳头；

2. 左手腕用力，同时弯曲手臂，慢慢举起；

3. 收回弯曲上举的手臂，回到原来的姿势。

要领二：1. 仰卧在平地上；

2. 左腿伸直并向上抬起；

3. 将抬起的腿倒向左侧，但是注意不能接触地面；

4. 将腿慢慢收回，回到原来的位置。

要领三：1. 直立并且左臂向左侧平举；

2. 将左臂上举，但是注意头部不能移动；

3. 以相反的顺序回到原来的姿势。

要领四：1. 身体直立向左侧倒；

◇ 记忆保健操 ◇

有一种通过穴位按摩的方法来进行的记忆体操，即记忆保健操。步骤为：

1. 要在头部找到天柱和风池两个穴位：天柱穴位于后头骨正下方凹处，也就是脖子处有一块突起的肌肉；风池穴位于颈部，在枕骨之下，与风府穴相平，胸锁乳突肌与斜方肌上端之间的凹陷处。

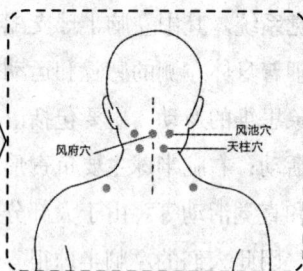

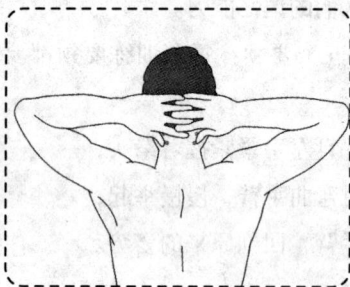

2. 双手交叉，用拇指的指腹按住这两个穴位，然后在压住 5 秒钟之后突然加大力量，随后移开手指。

3. 重复 5 ~ 10 次就能够让大脑产生清醒的感觉。还可以再加上大脑顶部正中的百会穴的按摩，效果会更好，百会穴的位置如图所示。

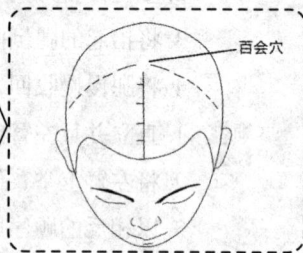

2. 以左手和右脚为支撑，左臂伸直，身体保持倾斜着的直线；

3. 弯曲左侧膝盖起身，回到原来的姿势。

要领五：1. 俯卧；

2. 跷起脚尖，像俯卧撑一样用脚腕和脚尖支撑身体；

3. 弯曲手臂，同时将左腿高抬，右臂不能用力；

4. 慢慢重复屈伸手臂两次。

当然，想要增强右脑的平衡作用，不能单靠记忆体操训练法进行训练，平时注意尽可能多地用左侧肢体进行活动也很重要，如用左手吃饭、用左手写字等。

凝聚注意力的训练方法

记忆力和注意力有着很密切的关系，人们集中注意力观察的事物或行为，能够在大脑中留下深刻的印象，注意力越集中，印象就越深刻，对事物或行为的记忆就越好。相反，很多时候我们不能记住听到或者看到的东西，就是因为注意力不够集中。因此，想要提高自身的记忆力必须从提高注意力开始。

一般来说，想要让自己的注意力得到提高应该做到以下几点。

第一，选择环境。

环境对注意力能否集中有十分重要的影响：一方面，人只有在安静的环境下才能集中自己的注意力，做到专心致志；另一方面，一个固定安静的环境，会使人们在同样的条件下更容易产生集中注意力的条件反射。这种情况相信大多数人都体会过，就像在班级内背诵一首古诗一样，老师在的时候背诵明显比老师不在的时候背诵得要快，因为老师在的时候班级是安静的，而老师不在的时候班级是乱哄哄的。

第二，排除分心。

人们在进行记忆活动的时候，经常会被别人打扰，而大多数人在被打扰过之后都会忘记之前记忆的东西。这是因为人们在被打扰之后，注意力转移到了别的事物上，导致一些其他的信息对之前正在记忆但是还没有记忆牢固的信息产生冲击，最终造成了信息的遗忘。因此，想要集中注意力就绝对不能分心。

第三，精力充沛。

保持精力充沛是为了避免和减轻大脑的疲劳。当人们长时间集中注意力的时候，会很容易造成大脑的疲劳。在这种情况下，不论怎么努力，都无法集中注意力，很难看得进去任何东西。比如，一个人头一天晚上没有休息好，第二天能强打着精神，集中自己的注意力在电脑上写东西，等到最后检查的时候就会发现，错别字非常多，这说明他在打字的时候注意力并没有真正地集中，而无法集中的原因就是大脑疲劳。

第四，目的明确。

一个明确的目的能让人们在更短的时间内做完更多的工作，这种情况的产生和人们的心理因素有很大关系。当你有明确的目的进行记忆时，如老师要求你在一天之内背完一篇文章，要是背不下来就要找你家长，这时候你一定会产生紧迫的心理，因为你不想让老师找家长，所以就会从心里面强迫自己集中注意力在文章上。

第五，要有知识基础。

无论做什么事情，基础都是最重要的，就像盖房子，如果你不事先打好地基，又怎么能盖出来坚固的房子呢？很多记忆材料并不简单，里面可能包含很多复杂和丰富的知识，对于这样的记

◇ 注意力训练的三种常用方法 ◇

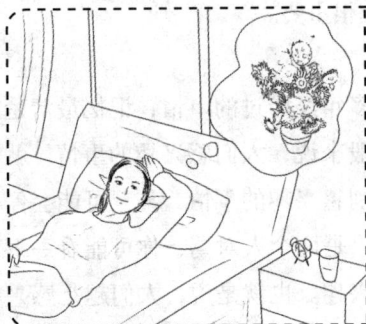

1. 选择一个安静的地方，躺下，放松自己。闭上眼睛，选择一个熟悉的物体，想象几分钟，如果和这件物体有关的东西总是会出现在大脑中，就说明注意力还没有集中到物品本身上。坚持训练下去，这种情况会得到改善。

2. 准备一块表。眼睛盯住上面的秒针，并且随着秒针移动，坚持3分钟。要注意，这3分钟时间内不能做其他的事情，也不能被其他的事情打断和破坏。

3. 可以经常到一些有噪声和干扰的环境中去学习。要注意：控制情绪，不能随意发火；把注意力都集中在学习的内容上。

忆材料，没有一定知识基础的人，根本就看不懂。就像你看一本书，如果以你的知识水平根本就看不懂，你还可能集中注意力在这本书上面吗？所以，知识基础很重要。

第六，提高兴趣。

我们可以回忆一下，这么多年经历过的事情，记忆最清楚的一定是自己感兴趣的事情。一般来说，人们感兴趣的事情，就会不自觉地多看两眼，如果是特别感兴趣的事情，甚至可能会停下来观看。就像看热闹一样，如果是两个人对骂，你可能看一下就走了，因为你对这个不是很感兴趣。也就是说，人们越是感兴趣的东西，注意力程度就会越高，注意力就越集中。

下面我们来做几个提高注意力的训练。

训练1：

你的桌子上肯定摆着很多件物品，如电脑、杯子、书、笔等。你可以选择一件物品，在2分钟之内对其进行追踪思考，即思考和这件物品有关的一切内容。比如，思考杯子，你可以想到各种各样的杯子，想到杯子都能做什么，想到杯子是如何制造出来的，用什么材料制造出来的等。要注意，这个时候必须集中注意力，不能去思考和别的物品有关的内容。在集中思考2分钟之后，立即把注意力转移到第二件物品上进行思考。你会发现，在开始进行这样的训练时，并不能在2分钟之后迅速转移自己的注意力，但是如果能够每天坚持训练10分钟，并且坚持训练两周，这种情况就会得到改变，你转移注意力的速度会得到提高。

训练2：

"头脑抽屉"训练。设想出3件自己要做的事情，如什么时间学习，什么时间出去游玩，什么时间去工作等，同样对每件事情分别进行思考，同时保证思考一件事情时集中注意力，不能被另外2件事情干扰。在规定时间思考了一件事情之后，要迅速转到对第二件事情的思考上。刚开始的时候可以把思考每件事情的时间定在1分钟，随着训练的深入时间也要逐渐增加，但是最好不要超过3分钟，否则这种训练会失去效果。

训练3：

把一件能够发出声音的设备的音量调小，达到人们刚好能听清楚的地步。随后，仔细听这件设备发出的声音中所包含的内容，坚持3分钟。实际上，这种训练方法在很多地方都可以进行，如在嘈杂的环境下听收音机，或者在噪声很大的环境下仔细听其他两个人之间的对话等。

训练4：

高声朗读一篇文章，并且用录音机录下来。随后开始播放，但是要把声音调节到刚好能让人听清楚的程度。播放的时候并不是把所有内容一次性放出来，先播放两三句话，随后关闭录音机，小声默念听到的内容，随后再听两三句，再默念内容。每次训练五六分钟，坚持下去就能逐渐提高自己的注意力。

训练5：

选择一张图画，仔细盯住几分钟，一直到自信看过整张画为止。随后闭上眼睛，回忆图画中的内容，要保证自己回忆的内容尽量完整。随后，睁开眼睛，重新看一遍原来的图画，如果发现自己回忆得并不完整，那就重新进行回忆。长时间进行训练，不仅能够集中注意力，还能够提高注意范围的广度。

训练6：

随便选择一个数字，不能太小，也不要太大，最好是3位数，选择好数字之后开始倒数，一直倒数到 0。但是要注意，不能够按照顺序倒数，每次倒数时中间要间隔 2 ~ 3 个数字。如果倒数的中途出现错误，那么必须从头开始，重新进行倒数。长时间训练下去，对于注意力不能集中的人有很大帮助。

训练 7：

同样选择一个 3 位数开始倒数，一直到 0 为止，中间同样间隔几个数字。要求：倒数的时候必须发出声音；每次出现错误之后并不从头重新开始，但是要把出错的那个数字重新读出来。这种方法同样能训练人们集中注意力，一旦注意力不集中，很可能就会不知道自己到底是哪个数字出现了错误，那么就功亏一篑了。

训练 8：

7 分钟之内在一张纸上写出 1 ~ 300 这一系列数字，要求不能出现错误。刚开始的时候，可能会出现写不完或者是书写错误的情况。但是长期训练下去，总会达成目标的。一旦目标达成，注意力就得到了很大的提高。

训练 9：

白日做梦，努力思考。这种方法就是通过自己的努力思考把两件不相干的事情联系起来。比如，你看一本并不感兴趣的书的时候突然想起了自己以前学习跳舞的时候的场景。实际上这是通过一个思考的过程才得到的，书中有一部分写两头公牛斗殴的情景，这使你想到了 NBA 的芝加哥公牛队。想到公牛队，自然就会想起 NBA 最伟大的球星迈克尔·乔丹。由于出现了迈克尔，所以可以想到迈克尔·杰克逊。迈克尔·杰克逊最擅长的就是唱歌和跳舞，最后联想到了自己小时候学习跳舞的场景。这种思考和注意力的关系非常密切，如果不集中注意力，中间的一些过程可能根本就想不起来。

所以，长期进行这样的训练，同样有助于人们注意力的集中。

训练 10：

设定一个由 200 个数字组成的数字表，数字可以重复，位数不能太多或太少，5 位数左右最好。随后用 2 分钟仔细观察图表，在图表中找出某一数字出现多少次。注意：图表可能是由 200 个 5 位数组成的，但是我们要寻找的这个数字并不一定是 5 位数，可以是 2 位数、3 位数、4 位数等；如果图表中的一个数字包含着我们要寻找的数字两次，那也要算这个数字出现两次，如我们要寻找 "38" 这个数字，数字表中有一个数是 "38380"，那么这就算 "38" 出现了两次。长期训练，注意力会逐渐提高。

用想象力形成记忆的训练方法

想象力的发挥主要是根据空间或时间上的相近事物在人们的经验中形成的联想来进行的，另外还可以通过同音、近音、同义、近义等语言上的特点来进行。

可能很多人对联想记忆法嗤之以鼻，因为它显得特别假，特别不真实，不符合实际情况。可是这些并不是我们应该重点关注的问题，我们只需要知道，这种方法比按顺序死记硬背的方式更简单，并且节省了很多时间和精力就可以了。

这其实也是通过联想进行记忆这种方式的特点，它并不要求人们进行的联想必须要符合实际情况和逻辑关系，荒谬的、不符合实际情况和逻辑关系的联想完全可以被接受，当然前提是必须能帮助人们把信息记忆清楚。

联想的运用与人们自己的想象力有密切的联系，想象力越丰富，进行联想的速度就会变快，人们的记忆速度也会随之加快，记忆效率就会得到提高；如果想象力很贫乏，很可能会造成人们在对一些信息进行联想时，速度非常慢，这样就会严重影响记忆速度和记忆效率，如果联想的速度比死记硬背的速度还慢的话，用联想的方式进行记忆就没有任何意义了。

当然，即使你的想象力不够丰富也不用担心，因为想象力可以通过一定的训练得到提高。

训练1：

选择一些毫无关系的实物词语，发挥想象力，把它们联想在一起。

比如，可以是这两组词语：

（1）电脑、茶杯、苹果、飞机、衣服、手表、钢笔、港币、毛巾、花盆

（2）矿泉水、电线、楼房、白纸、空调、轮船、橘子、灯泡、香烟、裤子

可以发挥你的想象力，对这两组词语进行联想，每组词语可以多进行一些不同的联想，长期训练，想象力就能得到提高。

训练2：

选择一些毫无关系的抽象词语，发挥想象力，把它们联想在一起。

比如，可以是这两组词语：

（1）素质、共和、哲学、全面、民主、路线、习惯、政策、伟大、满意

（2）情绪、明亮、方针、结构、卫生、梦想、难过、理论、渴望、中国梦

同样需要坚持对这两组词语进行不同的联想，这样才能够提

高你的想象力。

训练3：

选择两个毫无关系的词语组成一个词组，总共准备10个词组，在2分钟内用联想的方法进行记忆。

可以对下面这10个词组进行记忆：

电脑——窗帘　茶杯——灯泡　森林——月亮　火车——鸡毛　鸡蛋——钱

白纸——白菜　花盆——轮胎　玻璃——麻雀　馒头——老虎　啤酒——表

训练4：

把自己感兴趣、比较了解或者是积累了很多知识的题目写到一张白纸上，随意发挥想象，把自己知道的和这个题目有关的知识都写在纸上。比如说你写的是秦朝，就可以联想出车同轨、书同文、焚书坑儒、陈胜吴广起义、秦始皇、兵马俑等。再比如，写足球，就可以联想出足球的发展、世界杯、金球奖、皇家马德里、罗纳尔多、广州恒大等。

训练5：

从剧本或诗歌中选择一些想象力丰富的句子或段落进行阅读。随后闭上眼睛进行联想，使你读到的句子或段落尽量形象化。比如，你阅读到的是"几匹蚂蚁大小的马匹替她拖着车子，越过酣睡的人们的鼻梁"，那么你的头脑中就必须形成"人们在睡觉时，蚂蚁大小的马匹拖着车子越过了人们的鼻梁"这样的形象。

观察，深刻记忆的关键

人们对一件事情或事物的记忆是否深刻，主要是看事情或事物给人留下的印象是否深刻，印象越深刻，记忆就越牢固。就像人们往地上钉木头桩子一样，钉得浅了，可能很容易就会倒掉；只有往深处钉，木头桩子才会坚固。

很多事情之所以给人们留下深刻的印象，都是因为客观原因，就像你目睹了一个人用刀杀害另一个人的场面，这种事情留给你的印象当然很深刻。但是现实生活中的很多事情并不是这样的，它本身没有吸引人的地方，没有动人的场面，就是一副平平淡淡的样子，这样的事情本身并不会给人留下深刻的印象。可是很多时候这样的事情却要求我们记忆，那应该怎么办呢？在这种情况下，人们需要做的是从主观上获得强烈的印象，也就是要主动地观察。就比如说让你记忆一块没有任何特点的石头，由于它本身并不存在任何有别于其他石头的地方，所以并不会给你留下特别深刻的印象，这个时候你就只能仔细观察，通过记住这个石头的样子来记住石头。

人们常说"眼见并不一定为实"，也就是说，有时候用眼睛观察到的并不一定是真实的。实践证明，这样的说法确实有一定的道理，因为很多时候人们经过仔细观察得到的结论和记忆，最后却发现是错误的。比如，你观察一个人很久，通过他的为人处世等行为最后得到结论，这是一个好人。但是一段时间之后，你却得知这个人因为犯了大罪而被抓起来了，这就否定了你之前观察所得到的结论。那么，观察出现错误这种情况到底是什么原因造成的呢？

◇ 训练观察力的三种方法 ◇

1. 选择一个目标，仔细观察几分钟，在不参照原物的情况下画一张图。然后把自己画的图和原物进行比较，找到画错的地方，不参照原物再画一次，把画错的地方修正过来。

2. 扩大观察的范围，如一间教室。开始时观察你最熟悉的教室，随后观察你不是很熟悉的教室，最后观察只看过一次的教室。每次观察之后都要尽量描述出观察的细节，越详细越好。

3. 走在大街上，随便找一辆汽车，用两秒钟看完它的车牌号，随后闭上眼睛，对这个车牌号进行回忆。刚开始的时候可能回忆不出来，经过一段时间之后就不再是问题了。

第一，观察过程被自己的情绪支配。对自己喜欢的和自己兴趣爱好一致的，就认真仔细地观察，必须要把所有事情都弄清楚；而对自己不喜爱的，就弃置一旁或只是草草观察一下，根本不能得到全面的信息，因此也使得观察在很大程度上具有片面性。

第二，只对那些无关紧要的线索产生反应，结果把观察和思维引向了歧途。比如，让你仔细观察一件雕塑物品的各个方面，但是你却只顾观察雕塑的形象，而忽视了雕塑的其他方面，导致自己观察之后完全没有得到有用的信息。

第三，很多时候对事物起主导和支配作用的是那些不被人注意的弱成分，而那些显露在外的显著的外部因素却没有任何意义。但是，能在第一时间吸引人的意识做出反应的恰恰就是这些外部因素。因此，一旦人们过多停留在对外部因素的观察上，就会被表象迷惑，从而影响观察的正确性。

第四，人云亦云的从众心理以及受权威和现实结论的影响，使观察变得没有任何意义。这种现象非常普遍，如现在网络上对某些事物的评论，很多人根本就不仔细观察事物本身，上来就先看评论，如果评论不好，内心里就认定这个事物是不好的。

第五，不能识别影响感知的全部因素。这也就是说很多东西虽然观察到了，但是自身却觉得这些东西没什么重要意义，所以自动忽略了，从而导致观察结果出现错误。

那么想要得到正确的观察结果应该怎么做呢？

第一，要有明确的观察目的，即为什么观察，都要观察什么。人们在进行观察的时候同样需要集中注意力，但是如果没有明确目的，注意力根本就不会集中。如去大街上看人，如果没有明确的目的，那最后得到的结果很可能就是"大街上人真多"；而如果有一个明确的目的，如去大街上看美女，那么最后可能就会得出"今天看到多少个美女""第几个最好看"这样的结论。从这里也可以看出，没有目地观察几乎没有任何意义，有哪个正常人不知道"大街上人很多"这件事？

第二，观察之前要做好充足的准备，不仅需要明确的计划和步骤，同时也需要有一定的知识准备。观察伴随着思考，而思考就需要和其他的知识进行对比，以便作出正确的判断。当然周密的观察计划同样非常重要。事物并不是静止不变的，而是随着时间的流逝不断发生着变化。因此，为了防止由于事物的变化而导致人们观察时手忙脚乱，必须作一个周密的计划。

第三，观察要做到仔细、系统全面，一边观察一边思考，这样才有利于发现事物隐藏在深处的特点。电视里总是会播放一些警察破案的电视剧，经常看的人就会发现，没有哪个警察随便看一下案发现场就能够把案子破了，基本上都是警察在多次、仔细观察过案发现场之后，发现一些很细微的线索，从而慢慢才把整个案子破解。

第四，要让尽可能多的感觉器官参与到观察过程中，这样得到的观察结果才更精确。各种感觉器官接收信息后，对大脑刺激和储存的部位是不同的，也就是说，不同感官接受同样的信息后所产生的印象也是不同的。所以多种感官参与到观察过程中之后，得到的结果要比单一感官参与的观察过程要全面。

第五，在观察过程中，要勤于记录。记录不仅能避免人们对观察结果的遗忘，也有助于对观察结果作出必要的总结，同时还可以避免遗漏。在下次进行观察时，之前的记录还可以作为观察的基础。

当然，这只是观察的一般方法，或者是保证观察结果不出现错误的方法。那么，具体到某一件事物上，到底应该怎么样进行观察呢？或者说是按照什么样的顺序进行观察呢？

具体到某一事物上，到底应该怎么观察，并没有一个一成不变的方法，这主要是因为各种事物是不同的，没有哪一种具体的方法能够适用于所有的事物。就比如说，你观察一个建筑物和观察一个人的方法能一样吗？观察建筑物可能会观察一下它的占地面积，如果观察人的话也观察其占地面积，对你认识这个人有什么帮助吗？当然，虽然并不存在一个适于观察所有事物的具体方法，但是观察事物的大致顺序还是通用的：第一步，观察事物的全貌，得到一个总体的印象，并且找出总体特征；第二步，找出组成事物的各个部分的特征以及相互之间的关系；第三步，观察事物各个组成部分的重要细节。按照这样的顺序去观察事物，并且配以正确的观察方法，就基本上不会得到错误的观察结果。

当然，只掌握了正确的观察方法并不能立即提高自己的观察能力，在平时也要多进行对观察力的训练。

训练1：

有意识地培养自己的注意力。可以抓住生活中的一件事，如一名同学被老师罚站。事情发生之后，马上观看全班同学的各种反应：有一边看那个同学一边笑的；有严肃地看着那名同学的；有人趴在桌子上继续学习，一副事不关己的态度；有人趴在桌子上偷偷摸摸地笑，感觉很开心；还有人站起来打算帮那名同学说好话等。随着时间的推移还要对事情的发展和结果进行仔细观察，这样慢慢养成对各种事情都能进行仔细观察的能力。

训练2：

以运动的机器或变化着的事物为对象，按照步骤仔细进行观察。找出事物运动变化的原因。

训练3：

以静止的物体为对象，按照观察步骤仔细进行观察，找到它的各种特点，直到抓住事物的本质特征为止。

训练4：

随便找一幅图画，仔细观察其中的细节，几分钟之后，找别人帮忙对和图画中有关的细节进行提问。问题可以是图画中有几个人、每个人穿什么颜色的衣服等。如果没有别人的帮助，则可以凭借记忆把图画重新画出来，随后检查错误的地方。

训练5：

画一张某个地方的地图，在地图上标出一些自己熟悉或者不熟悉的地方。标注完之后，把自己画的地图和真实的地图进行比较，找出标错的地方。但是不进行改正，而是把如何改正记在自己的大脑中，随后重新画一张。注意：需要按照错误的多少来决定重复的次数。当这张地图没有问题之后，就开始扩大地图的范围，直到整个世界地图。

训练6：

自己估算一下从一个地方到另一个地方的距离，想一想自己需要多少步才能走完，随后走一次，看看自己走了多少步。如果估算得不对，下次要重新估算。当然，也可以估算一下楼房上窗户的数量、商店里货架上货物的数量等。这样能够训练人们估计距离和数量的能力。

训练7：

打开收音机，随便选择一个台，仔细听里面发出的声音。如果觉得声音很熟悉，那就辨别出这个说话的人，随后核对对错。

如果只记得面孔但想不起名字，可以在结尾时仔细收听一次。这种训练要经常做，直到熟练为止。

训练8：

辨别声音。找一个比较嘈杂的地方，随后仔细听周围的各种声音，包括人的声音、动物的声音、机器的声音等，注意音调的高低和变化、模式和速度，设法辨别出各种声音。

训练9：

回忆一个自己熟悉的人，然后回答问题。

（1）他的头发是什么颜色的，发型又是什么样的？

（2）他的脸形是什么样的，脸又是什么颜色的？

（3）眉毛是浓还是淡，是粗还是细，是什么形状的，有什么特点？

（4）眼睛的特点，是大还是小，是双眼皮还是单眼皮？

（5）鼻子是什么形状的，有什么特点？

（6）他的耳朵有什么特征？

（7）他的牙齿有什么特征？

（8）他的下巴是什么形状的，尖还是圆？或者有其他的特征。

回答之后，下次再见到他时，仔细观察和自己回忆的是否相同，看看你对他的观察到底仔细与否。

提升记忆力的呼吸训练法

调整好自己的呼吸，对提高人们的记忆力，同样有很大的帮助。这主要是因为把自己的呼吸节奏调整到最佳的状态之后，能够去除人们大脑的疲劳，使人们精神振奋，极大地提高记忆力。因此，人们必须经常进行呼吸节奏的训练，把呼吸节奏调整到最有利于自己的状态。

训练呼吸主要有三种方法：

第一，完全呼吸法。

完全呼吸法也称腹式呼吸法，是一切呼吸法的基础，做法是先深吸一口气，然后吐出，屏住呼吸 1 ~ 2 秒钟。这时候你会发现由于深吸气并且屏住呼吸，腹部是深深收缩的。随后把腹部放松，腹部会回到原来的位置，这是由鼻腔自然吸入空气造成的。当腹部回到原来的位置之后，随后重新吸气，这时候腹部又会自然收缩。吸气之后依然要屏住呼吸 1 ~ 2 秒钟，然后再慢慢呼气。这样反复做几次之后再重新进行正常的呼吸。

第二，风箱式呼吸法。

风箱式呼吸法是消除脑部疲劳最有效的呼吸训练法，由于人们按照这种方法进行训练的时候，呼吸时会发出强烈的声音，就像拉风箱一样，因此叫风箱式呼吸法。它的做法是先从鼻孔充分呼气，随后迅速吸气再快速呼出。要注意，每次呼气的时间是吸气的时间的一半，呼气和吸气的时间总共是 1 ~ 2 秒。由于这种呼吸方法的第一步是先呼气，因此整个呼吸过程是在肺部处于空的状态的时候开始的，人们的力量主要用在吸气上面，而呼气则处于自然的状态。这样的呼吸方法要按照一定的频率进行，先按照这种方法进行 10 次，随后以静静地吸气、屏住呼吸、缓缓地呼气作为调整，之后在进行短暂的通常呼吸之后，再进行风箱式呼吸法的训练。这样就形成一种循环，开始的时候只要做 1 ~ 3 次就可以，以后随着时间的推移再慢慢增加。

第三，屏息呼吸法。

屏息呼吸法对增进人们的记忆力最有效。这种呼吸方法要有一定的准备姿势，主要是以任意的姿势坐在地上，右手的食指放在眉毛中间。先将肺部的空气完全吐出，随后用右手的中指按住左边的鼻孔，从右侧的鼻孔吸气。在吸气结束后迅速用右手的拇指堵住右鼻孔，完全屏住自己的呼吸。在达到自己承受不住之前，放开按在右鼻孔的大拇指，呼气，然后再吸气，随后屏住呼吸。一段时间后，放开堵住左鼻孔的中指，用左鼻孔呼气然后再吸气，随后屏息。这样反复地循环，屏息的时间就会逐渐延长。吸气、呼气、屏息的时间最好的比例是 1：2：4，这一点一定要注意。

人们通过呼吸法的训练，不仅能够达到增强记忆力的目的，还会得到其他的一些好处，包括增强健康程度和对疾病的抵抗力；增强肠胃的消化和吸收能力；能让人变得年轻，防止衰老；提高人们的创造力；改善痢疾、便秘等疾病；增强耐心，使人们做任何事情的时候都会更积极等。

第二章
敏锐的感官，过目不忘的基础条件

强烈刺激会留下深刻记忆

人的记忆是由外界输入人脑当中的信息构成的。外界信息进入大脑的途径是人们的感官，人们的感官主要有 5 种，分别是视觉、听觉、嗅觉、味觉、触觉。当然，人们通过感官接收到的信息，必须要进入大脑之后才会形成记忆，没有大脑，感官自身就没有什么特别的意义。感官只是单纯的途径，光线、震动、气味等物理刺激通过感官之后只会形成神经冲动，这些神经冲动需要在大脑当中进行解释和分析之后才会让我们真正感觉到我们生存于这个世界中的各种形状、颜色、声音和感情等。

感官为什么能够接收到外界的信息呢？人体的内部中心有一个巨大的神经系统，人的身体中的各个部位都有这个神经系统的分支结构。正是因为这种分支结构的存在，人们才能通过自己的 5 种感官来不断捕捉外界的各种信息。

感觉信息进入大脑中，会在大脑深处进行分析，然后这些信息之间会建立一定的联系，再与其他的信息相比，最后才会形成记忆。我们的感官并不是什么信息都会接受，基本上都是我们注意到的信息或者是和我们有关系的信息，这也是我们现在还能正常生活的原因。如果我们的感官什么样的信息都接受，那我们的大脑，早晚都会被环绕在我们周围的各种图像、气味、声音和其他感觉塞满。

虽然人们的各种感官都是相同的，但是因为人与人之间有很多地方都是不同的，各种感官信息在进入不同人的大脑之后，会被人们涂上各种不同的色彩，这使很多人对于同一个事件往往会有不同的解释方法。

通过人们的感官进入人的大脑当中的信息，不一定都会形成记忆，即便形成记忆也不一定是深刻的记忆，这是因为大脑需要对感官信息进行过滤，选择人们最需要的信息进行记忆，至于一些无意义的信息则会被排除。或许我们不一定能够判断出哪些感官信息最终会形成记忆，但是一般来说，感官经过强烈的刺激之后所储存在大脑当中的信息，一定会形成记忆。比如，我们身体某个部位受了很严重的外伤，这就是我们切身感受到的信息，而且会对我们造成很大的刺激，那件事我们可能一辈子都忘不了。就像很多人能对着自己身上留下的疤痕说出是什么原因造成的，即使已经过去了很多年。

很多重大的事件，虽然已经过去了很长时间，却依然能给人们留下深刻的印象，如奥运会开幕、载人航天飞船上天、火山爆发和地震等，现在想了解这些事件发生的时间等信息，可能随便问一个人都能得到正确答案。相信大部分人的身上都发生过这样的现象，这种现象叫作闪光灯泡记忆，也叫闪光灯效应，是指人们对震撼事件留下深刻记忆的现象。

人的大脑皮层由旧皮层和新皮层组成，旧皮层需要担负维持生命不可或缺的机能的作用，如睡眠；而新皮层则要担负一些意识活动，如理性思考等。闪光灯效应的发生是因为有些信息突破了新皮层，到达了旧皮层，与睡眠等人们的生命本能连接在一起，也成为一种人的本能，因此在一般记忆消失之后，这些记忆仍然能留在人的大脑当中。

由于闪光灯记忆能长久保留，因此在现实生活中，一旦有需要我们长期记忆的信息，我们就可以把这些信息和一些震撼人的事件联系起来，这样一些重要的信息我们就能够长期记忆。

眼睛训练，脑中的印象更清晰

视觉记忆的重点在于对眼睛的使用上，视觉信息最终能否被大脑记忆和回忆，主要还在于视觉信息能否清晰明确地烙印在人的潜意识中。视觉信息的来源是人们用眼睛看见的东西，因此，人们想要让视觉信息最终形成深刻的记忆，就必须努力训练自己的眼睛，让眼睛看到的东西更清晰、明确，能在脑海中留下更深刻的印象。

平时人们说的训练眼睛，主要是为了防止眼睛的疲劳而导致的视力下降或者是视力疾病，主要就是用科学的方法去看东西。我们这里所说的训练眼睛是为了让眼睛看到的信息能够给人留下更深刻的印象，重点其实并不是在人们的眼睛上，而是在人们的注意力上。人们平时看到并且能记忆下来的东西，大多数是人们看的次数非常多或者是我们非常感兴趣，也就是人们投入的注意力更多的东西。因此大脑能否唤醒和回忆储存在记忆中的视觉印象，主要在于人们在用眼睛看东西的时候是否投入了足够的注意力。

一位叫乌丹的法国魔术师通过一个简单的办法培养了自己的视觉记忆能力，大大提高了自己的视觉感知能力和记忆能力：他先是观察了巴黎商店橱窗中的物品数量，并且在快速走过时看一眼，随后记住它们。在这个过程中，他只是用眼睛看，而并没有

◇ 训练视觉的游戏 ◇

　　眼睛是视觉形成的重要器官，训练视觉必定要从训练眼睛开始，其实，眼睛和视觉可以用小游戏来训练，有很多这样的游戏：

时间到了，现在我要打乱，你再摆出来。

　　1.有一堆扑克牌按照一定的顺序排列，在人们观察一段时间之后，把这堆扑克牌的顺序打乱，要求人们按照原来的顺序重新排列扑克牌。

　　2.让人们到一个房间内，要求人们在短时间内记住房间内的物品以及摆放地点、颜色等。

窗帘的颜色也要记一下……

　　这些游戏考察的都是人们的视觉记忆，长期训练也能提高人们的视觉记忆能力。

用笔记或者其他的辅助方法记忆。开始的时候，他只能记住几件物品，而随着时间的推移，他能记住的东西越来越多。也就是说，在经过训练之后，他的视觉感知能力和记忆物品的能力都得到了提高。当然，在乌丹的训练中有一个重要原则，他的所有注意力全部集中在自己要观察的商品上。这说明人们在看物品的时候，只要把注意力和自己的意愿全都集中在自己要看的物品上，努力观察它们普通或者特殊的地方，就一定能在大脑中形成清晰的视觉记忆。

用集中注意力的方式来训练眼睛和视觉感知能力，在现实生活中并不少见。

印度就有一种这样的方法。在训练孩子的游戏中，人们会把一些小的物品拿给孩子看，要求孩子集中注意力观察这些小物品，随后把物品撤走，并要求孩子把自己见到的物品名称写下来。随着孩子看的物品越来越多，孩子们看到并且记忆下来的物品也越来越多。这证明，集中注意力观察物品确实能提高人们的视觉感知和记忆能力。

这种训练方式有一定的原则，人们会发现，可能在最开始训练的时候能记住的东西会非常少，而随着时间的推移，能记住的东西会越来越多，也就是说这是一个循序渐进的过程，必须要长期、持久训练才能够达到提高记忆力的目的。

耳朵训练，提升你的听觉感官

听觉是接收外界信息最高的感觉渠道之一，很多时候一些重要信息都是通过听觉渠道进入我们的记忆中的，如广播中说的一些重要新闻和事件、老师讲的一些小知识等。

很多人有这样的经历：在和别人谈话的时候，别人说了一些重要的信息，但是在谈话之后却发现这些重要的信息并没有记住，于是就会抱怨自己的耳朵不好使，当时怎么没听清，这也就是说我们听到的信息并没有形成听觉记忆。但是我们不能记住听到的重要信息真的是耳朵出现问题了吗？耳朵不出问题我们就能记住所有听到的信息吗？

每天通过耳朵输入我们大脑当中的信息是非常多的，虽然不能够全部记住，但是毕竟能记住一部分，这就说明我们的耳朵并没有出现问题。如果是因为耳朵出现问题而记不住信息，那应该是所有的信息都记不住。事实上我们听到的信息和看到的信息是一样的，最终信息都会被输入大脑当中，由大脑进行记忆。这说明听到的信息最终没有形成记忆并不是耳朵的问题，而是大脑的问题。正如是大脑在看而不是眼睛在看一样，也是大脑在听而不是耳朵在听。所有的声音都到达了耳朵，只不过有一些最终没有在大脑中登记，所以才没有形成记忆。

听觉信息最后能否成为记忆力，起重要作用的仍然是人们的兴趣和注意力。

很多人不能记住他们所听到的内容，根本原因就在于他们没有注意去听。比如，老师讲的一些知识，有些我们能记住，因为这些是我们感兴趣的，或者是我们集中注意力听的；有些则不能记住，是因为我们当时根本就没注意听，或者根本不感兴趣。相信这样的事情大多数人都遇到过。

我们训练耳朵，主要的目的是让听觉信息成为记忆。但是科学研究证明，很多听觉信息不能成为记忆是因为我们的大脑听觉

◇ 听觉与兴趣和注意力有关 ◇

我们的听觉和自身的兴趣以及注意力有极大的关系，如果我们能表现出高度的兴趣和注意力，哪怕是最微弱的声音，我们的大脑也会听到。

比如，很多人每天都定闹钟，虽然睡觉的时候睡得很深，但是只要闹钟一响，人们就能够听见。

当然，如果是我们不感兴趣和没有注意到的东西，再大的声音大脑也不会听到。

比如上面说到闹钟一响虽然在睡觉也能听见，但是一些其他的声音，如汽车噪声等却不一定能够听见。

这就是注意力的问题，注意力以外的其他声音并不能够引起人们大脑的关注。

感官缺乏训练。因此，为了获得更好的听觉，为了能对听到的声音进行记忆，就必须对大脑中的听觉感官进行练习、训练和培养。

训练耳朵方法其实也很简单，和训练眼睛一样，在听任何信息的时候都要集中自己的注意力，或者是让自己对听到的信息产生兴趣，长期坚持，循序渐进，最终一定能提高大脑中的听觉感官能力。

嗅觉、味觉和触觉记忆

嗅觉是最强的记忆功能，我们能通过一些气味回想起以前的一些事，如草莓的味道能让我们想起夏天，一些香味能让我们想起香水或者是妈妈做的饭菜等，大多数人会对某些气味有特殊的联想。

嗅觉并不能帮助我们建立正确的记忆，也不能帮助我们存储信息，它很难和事实发生联系，只和我们自己的情感有关，它可能帮助人们记忆一些地方，一些让人开心、难过、愤怒的事情。当然，嗅觉记忆也并不是完全没有任何意义，人们可以把一些特殊的气味和一些记忆方式结合在一起，这样对人们的记忆能起到增强的作用。

气味可以称得上是记忆的要塞，因为它保持的时间是相当长久的。我们在长大之后看见了某种东西，比如说香水，我们就一定能够回忆出第一次用这种东西时的气味。

大多数人的嗅觉记忆是幸福的，它能够唤醒一些人们曾经垂涎欲滴的生活事件。比如，一些好闻的气味，能让人想起快乐的假期、大自然、和一些人一起吃饭等。有时候一些难闻的气味也能够和幸福快乐的事件联系在一起，如粪坑的臭味可能会让人们想起干农活的快乐时光。这是因为嗅觉信息的处理是由多个大脑区域参与的，导致我们闻到的气味最后会和各种信息结合在一起，形成特有的感情记忆，而不是纯粹的嗅觉记忆。

使我们能闻到气味的器官是鼻子，确切地说是嗅觉上皮细胞，嗅觉上皮细胞上面的纤毛能够对鼻腔中黏液的分子进行反应，形成神经冲动，传递到大脑当中的嗅球上，因此人们才能闻到气味。

大家都知道，包括人在内的很多动物鼻孔都是朝下的，这一方面是因为热的物体散发出的气味是向上的，鼻孔朝下就能轻松捕捉到气味；另一方面是因为能够防止天空中落下的物体如雨水等阻塞鼻腔。

嗅觉和人们的情绪有很大的关系，对于一种气味，我们喜欢就是喜欢，不喜欢就是不喜欢，没有任何道理可言。

和嗅觉关系最密切的是味觉，它们一方面能够防止我们自己毒死自己，另一方面则会吸引我们进食。

味觉来源于对味道敏感的细胞周围的化学物质，也就是味蕾周围的化学物质。溶解的化学物质通过味蕾上的圆形小孔到达味觉细胞，最终形成味觉。味觉细胞有一定的生命周期，并且死亡后无法再生，因此在现实生活中我们需要用各种调料来弥补味觉细胞的损失。

在品尝食物的过程中，虽然我们品尝的主要是食物的味道，但是在其中发挥重要作用的却是嗅觉，嗅觉的反应比味蕾更重要。比如，在我们紧紧捏住自己的鼻子的时候，咬一口苹果和咬一口梨并没有差别，我们根本不能分辨出两者味道上的差别。

影响味觉的因素除了嗅觉之外还有食物的温度和质地，如米饭，吃凉饭和吃热饭的感觉肯定就是不一样的。味道的偏好也影

◇ 嗅觉记忆的特征 ◇

那花闻起来可香了……

你第一次给我做饭时的味道我到现在都记得……

1. 持久性，因为在很多年后我们仍然能够描绘出最初闻到某些气味时的感觉。

2. 幸福的基调，因为嗅觉记忆能和各种情景之间相互联系，如情人第一次给自己做饭时的香味，每次回忆起来都会感到幸福。

闻起来好香啊，吃起来一定好吃……

3. 联觉的特质，因为嗅觉记忆能让各种感觉之间相互连接，与嗅觉联系最密切的是味觉，如闻到一种食物香味就会联想到吃这种食物时的味道。

响着人们的味觉，如一个人特别不喜欢某种味道，那么这种味道即使是出现在他最喜欢吃的食物上面，他依然不喜欢。有时候经验也能决定味道的好坏，如在一些特定的文化当中，某些让人难以下咽的食物就被认为是美味的。

触碰是一种非常重要的感觉。在日常生活中，我们总是习惯用触觉去感受其他的东西，以便于我们更接近我们触碰的东西，并且建立起一种真实的感觉。触觉在人们的生活中有重要的作用。它能够让人们了解某些事物，避开某些对我们有伤害的事情等。

人们要感知触觉主要通过自己的皮肤，触觉感知体系也称皮肤感知，其中包含着各种各样的接收器，我们身体皮肤触碰到的信息就会通过这些接收器告诉我们。这些接收器之所以能对我们触碰到的信息做出反应，是因为它们包含着一千多万个神经细胞，这些细胞中有丰富的神经末梢并且接近人的皮肤表面。接收器最敏感的部位位于人的脸部和手部，这可能是因为这两个部位平常总是裸露在外面，人的大部分触觉信息是通过脸部和双手传递的。接收器主要对三种感觉最为敏感，分别是压力、温度和疼痛。

第四章
掌握时间节奏，高效记忆过目不忘

短时间反复强化的及时记忆法

各种记忆规律表明，记忆和时间有着很密切的关系。随着不断地实践和探索，人们在记忆的时间规律方面取得了很大的成果，逐渐寻找到了一些和时间有关的记忆方法。

及时记忆法指的是信息进入大脑当中，形成短时记忆之后，一直到大脑中所形成的短时记忆被遗忘之前这段时间，要及时对短时记忆系统中的各种信息进行反复强化，增强人们的记忆力和记忆效果的一种方法。

输入大脑当中的信息，在没有进入长时记忆系统中长期储存的时候，都需要在短时记忆系统中储存，但是短时记忆系统的缺点非常明显，一方面是短时记忆系统的容量小，另一方面是短时记忆系统储存信息的时间短。想要把短时记忆转化成长时记忆，就必须要对储存在短时记忆系统中的信息进行不断重复，这样才能够避免信息的遗忘和消失。

在记忆过程中，遗忘现象是不可避免的，即使记忆材料和信息能够储存到长时记忆系统当中，也仍然无法避免和改变遗忘的规律。唯一能够阻止遗忘发生的办法就是不断地对记忆材料和各种记忆信息进行复习。复习就是对信息进行重新编码，使各种信息与人们长时记忆系统当中已经储存的信息联系更加紧密，从而

◇ 及时对记忆进行重复和强化的原因 ◇

对记忆的及时重复和强化非常重要，这是因为：

看来记得还很清楚！

1.及时进行能够使所有记忆在被遗忘之前得到强化，避免人们遗忘。

坏了，都记不起来了！

2.而隔一段时间之后进行会因为一些记忆已经被遗忘，导致人们重复的过程变成重新记忆的过程，相当于新的信息重新进入大脑中，遗忘依然会发生。

3.随着时间的推移，人们遗忘的记忆会越来越多，这会导致间隔的时间越长，人们需要重复的记忆也就越来越多，大脑的负担会越来越大，这样会大大降低重复的效果。所以，重复和强化记忆必须坚持及时的原则。

加深人们的记忆。这些都充分说明，对信息的重复和强化在人们记忆活动中有重要作用。

对信息的重复和强化，并不是随意进行的，必须要遵循一定的规律，其中最主要的是要遵循遗忘的规律。根据艾宾浩斯曲线的规律，遗忘的规律是先快后慢的。也就是说，当人们开始识记某些记忆材料之后，很快就会开始遗忘，并且最初的时候即开始识记记忆材料的一个小时之内遗忘的速度是最快的，遗忘的记忆材料信息也非常多。因此，想要避免最初识记材料的迅速遗忘，就必须在对材料进行识记之后，及时进行重复和强化。

及时对记忆进行重复，需要有计划地进行，盲目地重复会让记忆变得很糟糕。对于复杂的信息，更要及时、多次进行重复，避免因为重复得不够及时或者次数少而造成信息记忆的不完整；对一些容易记忆的信息，重复的时间可以稍稍延后一些，但是时间一定不能太长；对信息进行重复的时候，要有计划地加深自身对信息的理解，尽量不要单纯重复信息。

虽然人们应该及时对记忆进行重复，避免发生遗忘现象，但是这里所说的"及时"并没有一个具体和固定的时间，而是要根据个人的记忆习惯、学习特点和记忆材料的性质来决定。一些记忆力和记忆能力不是很好的人，就应该在识记材料之后尽快重复；而如果记忆力和记忆能力都比较强大的人，则可以稍稍延后一段时间再进行复习。如果记忆材料非常复杂，并且不利于人们记忆，则必须在识记材料之后尽快进行重复，间隔的时间不能过长。如果记忆材料并不复杂，人们记忆起来也很简单，则对记忆进行重复的间隔时间可以稍稍长一些。当然，这里所说的尽快复习或者是间隔的时间稍长，都是包含在"及时"这个时间段之内的。现代科学实验研究证明，从人们识记记忆材料时开始的一两天之内，是人们遗忘最快的时段，因此，当人们记忆某些材料之后，一定要在这一两天之内进行重复，这样人们就有足够的时间对遗忘进行制止和控制。

对记忆的及时重复也有一些不尽如人意的地方，就是可能会造成短时间内大量相同种类的信息进入大脑中，如果是人们不是很感兴趣的信息，就会造成人们大脑的疲劳，依然会对记忆效果产生一定的影响。因此，对记忆的及时重复很重要，但是重复的次数也很重要，少了起不到效果，过多又会造成大脑疲劳。所以必须根据自身的实际情况在最恰当的时间里对信息重复最合适的次数。

分散、集中的记忆方法

大多数人在记忆信息时，通常会选择两种方法：一种是分散记忆法；另一种是集中记忆法。

分散记忆法指的是人们在识记材料的时候，插入几段间隔的时间进行休息，使整个记忆过程分成几个不同的时间段进行，直到把所有应该记忆的信息全部记熟练为止。简单一点说就是记忆一段信息，休息一段时间，再记忆一段信息，再休息一段时间，以此类推，直到把所有应该记忆的材料全部记住为止。

集中记忆法指的是人们在识记材料的过程中，不进行任何休息，一直进行不间断地反复记忆，直到把应该记忆的材料全部记忆熟练之后才休息。

从使用方式上来看，似乎两种方法各有各的好处：分散记忆法可以让人们在记忆过程中得到足够的休息，能够避免因为识记材料过多而造成大脑疲劳；集中记忆法则可以让人们在短时间内集中所有的精力进行记忆，避免因为精力分散和分心导致记忆效果的减

◇ 使用分散记忆法的注意事项 ◇

使用分散记忆法进行记忆活动，虽然能够取得不错的效果，但是在使用的过程中也必须要注意几点：

太多了，根本记不住……

1. 把信息进行分段记忆时，每个时间段记忆的信息数量不能过多，不能超过大脑在一定时间内的承受能力，避免因为大脑的过度疲劳导致记忆效果的降低。

2. 两次记忆间隔的时间也不能过长，最好是每次间隔30分钟~24小时，间隔时间过长可能会导致之前记忆的信息被遗忘。

咦？刚刚明明记住了，怎么这会儿就又记不清了呢？

3. 间隔时间过短也可能导致记忆信息不能完全被储存到记忆系统当中，因此必须要保证恰当的间隔时间，才能够获得最佳的记忆效果。

弱。但是，这两种方法也并不都是非常完美：在使用分散记忆法的时候，虽然因为有休息时间而避免了大脑的过度疲劳，但是如果出现记忆时间和休息时间的选择不正确等情况，必然会导致记忆效果的减弱，比如说记忆时间长而休息时间比较短，会造成大脑在短时间内的疲劳；相反，则可能会因为记忆间隔的时间过长而导致已经记忆的信息的遗忘；在使用集中记忆法的时候，虽然在短时间内集中自己所有的精力，避免因为分心和精力分散而影响记忆效果，但是一旦记忆材料过多或过于复杂，集中记忆就会在短时间内造成人们大脑的压力和负担增大，严重影响人们对信息的记忆效果。

分散记忆法和集中记忆法各有各的优点和缺点，并且两种方法的优点和缺点，差别都不是很大，一般人很难分清楚到底哪种方法好哪种方法不好，这导致人们在记忆信息的时候会出现选择上的问题。很多心理学实验的研究表明，运用分散记忆法记忆信息要比运用集中记忆法记忆信息的效果好。

当然，这是有一定原因的。

第一，分散记忆法有助于保持人们对材料和信息的兴趣，避免因为同种材料不停地单调刺激，造成大脑皮层的保护性抑制。同一种类的信息集中输入人的大脑中，必然会造成大脑的疲劳，即使是感兴趣的信息，同样也会让人产生一种厌烦心理，不利于人们对信息的记忆。如果信息间隔一段时间被记忆，就不会出现这种情况。另外，各种信息进入大脑中，对大脑产生的刺激是不同的，这种不同的刺激有助于大脑对信息的记忆。一旦同种单调的刺激不断刺激人的大脑，就会使大脑自动产生一种保护性的抑制，这样就可能会使大量信息无法输入大脑中，也不会形成记忆。

第二，记忆活动需要大脑神经细胞的参与，但是大脑神经细胞不是机器，也会产生疲劳感，也需要休息，而分散记忆法能够让大脑神经细胞得到充分的休息。从人体的生理机制来看，在一段时间内反复记忆同一种类的材料，会使大脑皮层某个区域内的神经细胞产生抑制的积累，造成信息不能被巩固，相互之间也无法产生联系，使记忆效率变得很低。而分散记忆法则可以消除这种抑制，保持大脑神经细胞的活跃和兴奋。

第三，分散记忆法更有利于记忆的巩固。使用分散记忆法能够使人们记忆的信息，及时进行整理和复习，能够大大提高人们的记忆效率。而集中记忆法则因为信息的集中记忆，导致了很多信息没有时间进行重复，严重影响记忆效果。

虽然使用分散记忆法进行记忆活动得到的记忆效果，比使用集中记忆法好，但这并不意味着集中记忆法应该被完全放弃。实际上，有些时候使用集中记忆法，要比使用分散记忆法得到的记忆效果好，如学习能力和记忆能力比较强的人使用集中记忆法会好一些，对有意义的材料和需要精心思考的记忆材料，使用集中记忆法也会好一些。所以人们应该根据记忆材料的实际情况，来决定到底是选择分散记忆法，还是选择集中记忆法，以此让记忆效果达到最佳的状态。

形成记忆反射，使用循环记忆法

循环记忆法指的是人们在记忆单个和零散的记忆材料时，可以想办法进行排列和组合，将其分成若干个部分，然后对这些材料进行有计划的循环复习，以此达到记忆单个和零散的信息，提高人们记忆力和记忆效果的办法。

循环记忆法主要是建立在条件反射这种生理基础上，在已经建立的条件反射消退之前，及时进行复习和不断重复强化，能够让条件反射更加巩固。

艾宾浩斯曲线的规律表明，在记忆活动开始的时候，遗忘就随之开始了。为了控制和制止遗忘现象，就必须及时对信息进行复习，而循环记忆法就是根据记忆的遗忘规律和心理学原理制定的一种科学安排复习时间的记忆方法。使用循环记忆法能够让记忆活动变得更有效率，事半功倍。

一般来说，越是系统化的信息，越容易被人们记忆，因为这样的信息相互之间的联系非常紧密，人们能够用更多的方法和策略去记忆。而单个和零散的信息却会给记忆活动带来一定的困难，这种信息之间的联系相对不密切，也不够系统化，使人们只能用有限的方法去记忆，如采用死记硬背的方法。同时，因为信息之间的联系很少，信息的顺序又混乱，使人们对信息复习时的时间很不好把握，很容易影响到记忆效果，而循环记忆法恰好能解决这样的问题。循环记忆法最关键的一点，就是会将单个和零散的记忆材料，按照一定的程序和规律进行排列和组合，并且会帮助人们找到最佳的记忆时间段，使单个和零散的记忆信息都能够得到及时复习，大大提高人们的记忆效率。

使用循环记忆法对信息进行分组时，也并不是随意划分的，必须根据每个人自身的实际情况进行划分。一般来说，人们的短时记忆最多只有 7 个组块的容量，所以在对信息进行分组的时候，原则上是每个组的信息容量都不能超过 7 个，如果多了不利于人们记忆。另外，由于记忆材料的性质和复杂程度等都不同，导致各种记忆材料的记忆难度也不同：对相对容易记忆的材料，在分组时可以把每个组的材料数量适当进行一些增加；对有一定难度的记忆材料，在分组的时候也可以把每个组的记忆材料数量减少一些。

循环记忆法主要有两种形式：

第一种形式是把人们需要记忆的材料分为 16 组，用第一组一直到第十六组记忆材料来表示，然后按照以下的步骤进行记忆。

第一步是识记第一组记忆材料；

第二步是识记第二组记忆材料；

第三步是复习第一组和第二组记忆材料；

第四步是识记第三组记忆材料；

第五步是识记第四组记忆材料；

第六步是复习第三组和第四组记忆材料；

第七步是整体复习第一组到第四组的记忆材料；

第八步是识记第五组记忆材料；

第九步是识记第六组记忆材料；

第十步是复习第五组和第六组记忆材料；

第十一步是识记第七组记忆材料；

第十二步是识记第八组记忆材料；

第十三步是复习第七组和第八组记忆材料；

第十四步是整体复习第五组到第八组的记忆材料；

第十五步是把第一组到第八组的记忆材料全部复习一遍；

接下来的步骤是按照上面的步骤和方法去记忆第九组到第十六组的记忆材料；

第十六步是将第一组到第十六组的记忆材料全部复习一遍。

第二种形式是把记忆材料分成 8 个部分，分别用第一组到第八组记忆材料来表示，随后按照下面的步骤进行记忆。

第一步是识记第一组记忆材料；

第二步是识记第二组记忆材料；

第三步是复习第一组和第二组记忆材料；

第四步是识记第三组记忆材料；

第五步是复习第二组和第三组记忆材料；

第六步是识记第四组记忆材料；

第七步是复习第三组和第四组记忆材料；

第八步是识记第五组记忆材料；

第九步是复习第四组和第五组记忆材料；

第十步是识记第六组记忆材料；

第十一步是复习第五组和第六组记忆材料；

第十二步是识记第七组记忆材料；

第十三步是复习第六组和第七组记忆材料；

第十四步是识记第八组记忆材料；

第十五步是复习第七组和第八组记忆材料；

第十六步是复习第一组到第八组记忆材料。

当然，第二种形式的最后一步并不是固定不变的，如果觉得一次性复习所有记忆材料有困难，那就可以选择一次只复习四组到五组记忆材料，这样分两次进行复习；如果觉得自己有能力，那么就一次性全部复习。总之要根据个人的实际情况进行选择。

这两种形式只是在一般的情况下应该遵守的形式。但是由于各个记忆材料之间记忆难度的不同，人们也可以根据记忆材料的实际情况，对两种形式中的各个步骤进行适当的调整。比如，可以把特别简单和特别复杂的记忆材料全部标注出来，在复习的时候，那些特别简单的记忆材料就不需要再进行复习，然后把剩下的记忆材料重新进行分组循环；如果碰到非常难记忆的材料，也可以单独拿出

◇ 循环记忆法的缺点 ◇

　　虽然循环记忆法可以帮助人们记住一些比较分散的、没有规律的信息，但是这一方法也存在一定的缺陷：

> 晚上安静，可以好好记忆。

> 现在再来复习一遍，要不又会忘记！

　　1.信息在短时间内不断被重复，这就要求人们在使用循环记忆法时，必须要花费很大的精力，同时人们也必须在一段时间内集中自己的所有精力。

　　2.循环记忆法是一种突击性的记忆法，一旦精力不集中，或者是记忆之后不进行复习，也不使用，信息就会很快被遗忘，因此，循环记忆法所记忆的信息应该用更多的时间复习。

　　3.循环记忆法虽然也能够帮助人们提高记忆力和记忆效果，但是它的缺点同样明显，因此人们在使用循环记忆法时一定要进行慎重地选择，避免因为对循环记忆法的胡乱使用而对记忆效果造成不好的影响。

来进行循环，重点进行记忆，这一点可以体现在循环次数的增加上。

　　大多数时候，循环记忆法需要和分散记忆法结合在一起共同使用。循环记忆法解决的主要是短时记忆的问题，但是人们的记忆活动，主要是为了让各种信息变成长时记忆，因此必须对各种记忆信息进行有规律的复习。虽然循环记忆法的记忆效果不错，但是却不能够连续不断地运行，否则会影响记忆效果，严重的情况也会对人们的身体健康造成影响，因此人们两次使用循环记忆法之间，大脑必须得到适当和足够的休息，这样循环记忆法就和分散记忆法结合到了一起。这种结合实际上就是主体采用分散记忆法，但是在每段时间的记忆中采用循环记忆法，这样才能发挥出循环记忆法的最大优势，增强记忆效果。

循环记忆法也存在一定的缺点，那就是记忆方法上的机械性。因为循环记忆法通常是针对单个的信息和零散的信息，因此不能用联想和联系的方式，只能够用机械的、死记硬背的方式进行记忆。但是，这种方法的记忆是最没有效率的，因为人们可能并没有真正理解信息，只是因为重复的次数多才导致了信息在大脑中储存的时间较长，这样会造成两种后果：第一是信息不能够长期保持在大脑中，回忆的难度很大；第二是可能造成短时间内输入大脑当中的信息过多，从而使记忆的强度和难度都变得非常大，不能长期和连续地使用。

严格限定时间，让你快速记忆的方法

"限时"指的就是人们必须在一定时间内完成一定的事情，如工作单位会规定一个员工每个月必须完成多少数量的工作任务，老师会给学生规定每天必须完成多少数量的作业，人们自己也会给自己规定一些什么事情今天必须做，或什么事情必须在明天之前做完等。在各种不同的记忆方法当中，有一种方法同样是要求人们必须在规定时间内进行的，那就是限时记忆法。

限时记忆法实际操作起来很简单：第一步，制订一个计划，其中需要规定要记忆的信息，并且要限定记忆这些信息的时间；第二步，根据已经制订好的计划，在规定时间内集中自己的所有精力和注意力进行记忆，一直到把信息全部记忆熟练为止。比如，老师给学生规定，在一节课当中必须记住新学的 5 个英语单词，然后学生按照老师的要求在一节课上不干别的事情，专门记忆这 5 个新学的英语单词，并且把这 5 个英语单词全部记忆熟练；再如，一个人给自己规定一天时间必须要背诵出一篇文章，然后这个人在这一天中就专门去背诵这篇文章，一直到能背下来为止，等等。

从实际情况来看，限时记忆法确实能够使人们的记忆力和记忆效率得到一定程度的提高，这是因为限时记忆法由于在时间上作出了明确的限定，会导致人们的内心产生一种紧迫感，促使大脑保持高度的兴奋状态，大脑内部的各种神经细胞也会变得异常活跃，有助于记忆效率的提高。同时，它还会促使人们产生"我必须在规定时间记住这些信息，不能够把事情拖到以后"这样的想法，让人们在思想上有足够的理由和动力去对信息进行记忆。

在人们使用限时记忆法记忆信息的时候，还存在一个隐性的要求，如果人们能够达到这个要求，使用限时记忆法记忆信息的效果会更好，那就是人们应该有足够的信心和毅力。自信心一定要强，就是指人们应该坚信自己能够在限定时间内记住规定的信息。自信心对记忆有一定的影响，当人们有足够的自信心时，会更容易接受被记忆的信息，记忆也就更有效率；而当人们没有足够的自信心时，就会对新的信息产生一种本能的排斥，这样就会严重影响记忆效率。另外，有耐心也很重要，限时记忆法毕竟是要求人们在限定时间内记忆规定数量的信息，也就是说，人们可能需要在一定时间段内不断重复一些信息，很容易导致人们大脑的疲劳，如果没有足够的耐力和毅力坚持下去，同样不会取得好的记忆效果。

一般来说，人们必须使用限时记忆法的时候，都是因为有一些附加性条件的影响。这种附加性的条件主要包括两种：一种是

◇ 使用限时记忆法的好处 ◇

使用限时记忆法对信息进行记忆，不仅能够提高人们的记忆效率，同时也会产生一些其他方面的好处。

1. 能够提高时间的利用率

限时记忆法强调的是在一定时间内对信息的记忆，而且必须是熟练地记忆，让人们在短时间内记忆信息的数量得到了提高，充分提高了人们对时间的利用效率。

半个小时能记住吗？

一定尽量记住！

2. 能够调动人们的积极性

要在短时间内记住，就必须在人们的心态非常积极的情况下才可以。这样人们会充分发挥自己的记忆能力，客观上调动记忆的积极性。

你看这些都记对了，看来我的记忆能力还是很好的啊！

3. 能够增强人们的自信心

如果人们能够在一定时间内记忆熟练一定数量的信息，当人们检查记忆成果的时候，也会受到一定的鼓舞，这就从客观上增加了人们的自信心。

强迫性的；另一种是报酬性的。强迫性的条件也包括两个方面：一方面是指人们会选择使用限时记忆法，是因为受到了别人的规定，要求人们必须要在规定的时间记住规定数量的信息；另一方面是指人们如果不在限定时间内记忆规定数量的信息，就可能会受到某些很严重的惩罚，并且这种惩罚基本上都是人们一时之间没办法承受的，因此导致了人们必须要用限时记忆法。当然，这两种情况也可能会同时发生，如老师规定学生放学回家后必须把今天学习的课文背诵下来，否则就去找家长告状，这种情况就会逼得学生使用限时记忆法。报酬性的条件则是指如果人们能够在规定的时间内记忆规定数量的信息，那么就会得到足够多的报酬或者奖励，并且这些报酬和奖励足够人们开心很长一段时间，这种情况下也会促使人们选择限时记忆法记忆信息。实际上这种情况的出现并不是偶然现象，一般来说，人们在一定时间内能够记忆的信息数量是有限的，因为每个人的大脑都具有一定的惰性。但是一旦碰到报酬性或者强迫性的条件，大脑就会暂时消除惰性，迅速运作起来，各个部分机能也会全部集中精力，通力合作，使人们真正能够全身心地投入信息的记忆活动中。

限时记忆法由于费时少、见效快、记忆效率高，因此成为一种非常好的记忆方法，特别适合对内容较少、零散和个别信息的记忆，同时对复习以前记忆的信息也能起到很好的效果。但是在人们使用限时记忆法时，必须要注意限定的时间是否合理，只有限定时间合理的情况下才会突出限时记忆法的所有好处，如果限定的时间不合理，如太长或太短，不仅可能无法让人们记住规定的信息，还会造成人们对自己能力的怀疑以及自信心的下降，严重影响记忆力和记忆效率。

第五章
观察与编码，重要信息
过目不忘

利用细节记忆的方法

细节观察法，是指有意识地抓住或认准事物的某些细节，并且积极地进行观察，从而达到记忆某些事物的目的。一般来说，细节观察得越具体、越细致，人们对事物的记忆就越深刻。

有些时候，人们虽然仔细观察过一些事物，却仍然记不住，这是因为人们对它完全没有兴趣。事物是否能储存到人的大脑中，最关键的一点是人们是否对它感兴趣。事实上，使用细节观察法的前提，就是人们对事物有一定的兴趣。那么为什么人们对感兴趣的事物进行仔细观察后，就能够把这种事物储存到自己的记忆中呢？

第一，仔细观察能让人们对事物的认识和理解更深刻。人们对一种事物理解越深刻，记忆就越清晰，就像学生学习各种知识一样，对知识理解越透彻，记忆就越深刻，运用的时候也会越轻松。人们观察事物的过程，实际上就是一个对事物进行认知和理解的过程，这个过程越仔细，能观察到的东西就越多，能找出来的信息也就越多，对事物的理解就会越深刻。就像看电视中的警察处理各种案件一样，为什么警察要无数次地勘察案发现场，就是为了能够找到对破获案件有帮助的各种信息，很多时候案件的告破，都是因为警察在无数次的观察案发现场发现有用的信息之后，才找到真正的罪犯。

◇ 仔细观察有助于记忆 ◇

　　大多数人应该有这样的体会，自己仔细观察过的事物，记忆会很深刻；相反，走马观花似的看过的事物，则很难清晰地记忆。

您可以先仔细观察一下，这款车的性能……

　　就像是记一辆汽车，如果它停放着让人们仔细看，那汽车的各个方面肯定都能被记住。

你看到那辆车了吗？我们也买这一款怎么样？

太快了，没看清楚。

　　如果是汽车从人们的身边飞速行驶过去，只来得及看一眼，那人们除了能够记住汽车行驶起来很快之外，其他的一定全都记不住。

　　当然，也并不是说所有人们仔细观察过的事物，都能够储存到人们的记忆中；但是不可否认，仔细观察的确更容易记住事物，可见，观察对记忆有促进的作用。

另外，人们经过仔细观察，理解一些信息之后，就能够用自己的语言把信息描述出来，这同样有助于人们记忆信息。比如，某些物品的使用说明书，一般说明书都会做得非常仔细，各种各样有用和没用的步骤全部集中在一起，但是有时候这种仔细代表的就是非常乏味，不能引起人们的兴趣，甚至有时候会达到人们无法弄清楚的地步。这种时候人们就可以通过仔细观察，找到每个步骤的核心内容或先后次序，把这些东西用自己的语言表述出来。人们对自己的语言的理解一定是非常透彻的，这样人们就会对整个说明书中重要的内容记忆深刻，长时间都不会忘记。

第二，观察事物的过程，本身就是一个对和事物有关的信息进行编码的过程。编码是各种信息转变成记忆的第一步，人们在观察事物的时候，会得到各种各样的信息，这些信息输入大脑中后会自动进行编码，并且储存到记忆系统中，最后形成记忆。

第三，仔细观察有助于把事物的信息，与人们已有的记忆进行联系，帮助人们记忆。把事物或信息和已有的记忆进行联系，是人们记忆的一个重要方式。人们有意识地观察某种事物需要用到的人体器官主要是眼睛，但是，在人们观察事物的过程中，并不是只有眼睛在运动，大脑同样也在进行各种活动。人们观察事物时所得到的信息，会通过眼睛传输到人们的大脑中，大脑会自动把这些信息和已有的记忆进行联系。观察越仔细，观察时间越长，得到的信息就越多，和大脑中已有记忆的联系也就越多，人们的记忆就越深刻。比如，人们观察一件古代的艺术品，在观察的同时，可以把大脑中已知的艺术品的年代、作者、材料等和其紧密地联系起来，这样人们对这件艺术品的印象一定非常深刻。

细节观察法在现实生活中的应用非常广泛，人们能用它记忆的事物有很多，包括教别人使用某些东西、记忆在商店中看到的某种物品、记忆新认识的朋友、某种物品的介绍、和别人讨论某种物品等。

使用辅助工具，提升记忆效果

外部暗示法，是指当人们不能回忆起来某些事情时，可以通过外部的一些辅助工具的帮助，或者是外部环境的改变，把不能回忆起来的事情回忆起来；另外，人们在进行记忆活动时，不一定把所有的信息全部都记忆到大脑当中，有些信息可以通过外部的辅助工具来帮助人们记忆。

在日常生活中，最常用的辅助工具是笔记本、日常表和约会簿，人们会把自己需要记忆的一些信息记录在里面，在需要的时候看一下，这就能够帮助人们记住或回忆起这些信息。比如，一些工作非常忙碌的人，他们会把每天要做的事情都记录下来，随时地翻看一下，这样就不用再花费时间去记这些事，让自己的大脑去思考其他的事情。

随着科技的发展，电脑、录音笔等高科技产品，逐渐成为辅助人们记忆的主要工具。比如，我们在参加会议或者是对别人进行采访时，会在短时间内得到大量有用的信息，但是这些信息我们却不能全部用大脑记住，这时候就可以用录音笔把别人说的话全部录下来，等到事情结束之后再进行整理，避免一些重要信息被遗忘。

辅助工具对人们的记忆活动有很大的帮助。但是这并不能说明辅助工具起到的全是正面作用，有时候，辅助工具也会起到一些不好的作用。

人们在进行记忆活动的时候，不仅能够记住各种信息，还能够

◇ 使用外部辅助工具记忆的原因 ◇

外部环境和一些辅助工具的帮助，对人们进行记忆活动有很大的帮助。那么，为什么要使用外部辅助工具记忆呢？

1. 在日常生活中，很多信息非常重要，需要人们仔细记忆。但是人们的大脑容量是有限的，同时接收很多重要的信息，不可能全部记住，如果把所有信息全都用大脑去记忆，很容易会造成大脑的疲劳。

2. 人们每天虽然看似有很多时间，却并不能把所有的时间全部拿出来进行记忆活动，因为大脑也需要休息和补充营养。因此需要一些外部辅助手段，来帮助人们进行记忆活动。

事实上，大多数人会用外部辅助工具，来帮助自己记忆和提示自己回忆。

充分利用和开发大脑的记忆能力。大脑记忆能力的充分开发，对人们进行各种社会活动，会产生积极的影响。但是如果记忆任何信息都要用到外部辅助工具的帮助，那就会阻碍大脑的思想训练，从而阻碍大脑记忆能力的开发，使人们产生一种懒惰的心理和情绪，对人们进行各种社会活动产生消极的影响。同时，对外部辅助工具的过分依赖，也容易对个人的独立性产生不利的影响。

外部环境的改变，同样能提醒人们记住某件事情。人们对自身所生活的外部环境都是非常熟悉的，一旦这个环境中的某一点发生了变化，就会对人们起到一种暗示的作用，提示人们应该去做某些事情了。这种改变其实并不需要多么大的场面，有时候只是一点点微小的改变就能够起到一种很好的提醒作用。比如，人们上班需要带上某些东西，就可以提前把东西拿出来放在一个显眼的地方；再比如，想要洗衣服，就可以提前把脏衣服放到洗衣机附近，这样就能够提示人们该洗衣服了。

这种通过改变环境的方式来提示人们记忆的方法，任何人都可以使用，但是由于人与人之间的习惯、生活方式等的不同，不同的人记忆同一件事情对环境的改变方式可能是不同的。比如，提示第二天上班要带某样东西，有些人可能会把它放在客厅的茶几上，有些人可能会把它放在门口，还有些人可能会把它和自己的包包放在一起，虽然改变的方式不同，但是都能够对人们起到提醒的作用。这也就是说每个人在使用这种方法的时候，都必须要按照自己平时的习惯去改变外部环境，不要因为别人的方法比较好就去模仿别人，否则的话很可能环境被改变了，却没有起到提示的作用。

在使用改变外部环境来提示人们记忆的方法时，还有一条重要的原则，就是不能拖延，这一点至关重要。只要一想到以后要做的事情，一定要在第一时间选择正确的提示方式，不然的话很可能在一段时间之后就忘记自己需要做的事情。

朗朗上口的韵律记忆法

在进行记忆活动的过程中，我们经常会碰到一些非常零散的记忆材料。这些材料之间并没有内在的联系，不能运用一般的记忆方法去记忆，因此记忆起来非常困难。在这种情况下，我们就可以采用韵律记忆法，即通过押韵或者谐音的方式，把这些记忆材料变成一些有一定节奏或者有韵律的语句进行记忆。

语言记忆在我们的记忆中占很大的一部分，语言的物质外壳是语音，因此，语音与我们的记忆有非常密切的关系。所以，在碰到那些没有逻辑关系，没有有机的意义联系的材料时，我们就可以充分利用语音和记忆的密切关系，找到材料本身的性质和特点，通过谐音和韵律等方式，把记忆材料编成有意义或者念起来十分顺口的口诀，从而提高记忆效率。实践证明，一些有节奏或者押韵的句子，确实更容易记忆。比如，唐诗为什么读起来朗朗上口，并且在背诵的时候感觉很容易，这并不全是因为它句子少、篇幅短，还有一个重要的原因就是唐诗基本上是押韵的，通过这些韵律总是很容易让人想起诗中的句子。

在使用韵律记忆法时，主要有两种方式，分别是谐音记忆法和口诀记忆法。

在现代汉语中，读音相同或者相近的字和词语，比如，"du"这个音，可以是"读""毒""独"，也可以是"度""赌""督"；再如，"xiangjin"这个音，可以是"相近"，也可以是"想尽"，还

可以是……"襄金"等。在这种情况下，我们就可以通过谐
……的词语来代替被记忆的材料，使材料变得简
便……义，从而强化记忆效果，提高记忆效率。

……的记忆变得方便，在进行记忆活动时会起
到事……是，它也存在着一定的局限性。一方面是
它只适……没有意义的材料，应用范围非常有限，
不能在……套；另一方面是谐音的运用要求比较
高，必须……否则很容易就会事与愿违，甚至弄巧
成拙，反而……加困难。

口诀记……难以记忆的材料编成口诀的方式，
使材料变得有……从而提高人们的记忆效率，提
高记忆效果。……那些本身没有意义和联系，也
没有正常逻辑关……

实际上，在现……常会碰到各种各样的口诀，
如乘法口诀、珠算……视的时候，也经常会看到
某个武林高手练功用……我们仔细想一下就会发现，
这些口诀的作用就是让……息和材料的时候更加方
便和简便。

在使用口诀记忆法过……的一点并不是背诵口
诀，而是编制口诀。在编……要符合以下几点要
求：第一，口诀必须能让记……第二，口诀要
有一定的韵律，最好读起来能……口诀应该是适
合自己的，这一点非常重要，……适合自己的口诀，就
不会对自己的记忆活动有帮助。所以说，在编制口诀的过程中，
不能够随随便便想起来一句话就当作口诀，一定要按照一定的方

法去做。人们在长期的实践过程中，总结出多种编制口诀的方法，包括简缩法、罗列法、概括法等。

简缩法就是把记忆材料中各个单独的材料进行缩短和简化，随后把简化后的内容连接起来，最终变成适合我们记忆的口诀。比如，我们中国农历的二十四个节气分别是立春、雨水、惊蛰、春分、清明、谷雨、立夏、小满、芒种、夏至、小暑、大暑、立秋、处暑、白露、秋分、寒露、霜降、立冬、小雪、大雪、冬至、小寒、大寒。使用简缩法后得到的口诀就是：春雨惊春清谷天，夏满芒夏暑相连，秋处露秋寒霜降，冬雪雪冬小大寒。这个口诀朗朗上口，诵读几遍之后就能够记住。

罗列法适合记忆多项同类和同一层次的知识，是指按照需要把记忆材料归纳并列，变成口诀的方法。比如，现代汉语修辞格就是用这种方法编制的。"比喻借代比拟，夸张双关反语，设问反问反复，对照对偶排比"，这个口诀，既包括了所有需要记忆的内容，又朗朗上口，方便记忆。

概括法，是指从材料有意义的方面提取精华的部分编制成口诀。比如，想要记忆中国古代的各个朝代，就可以通过提取概括的方式，编制成口诀进行记忆。比如，编成："夏商与西周，东周分两段；春秋和战国，一统秦两汉；三国魏蜀吴，两晋前后延；南北朝并立，隋唐五代传；宋元明清后，王朝至此完。"

当然，还有其他的一些编制口诀的方法，如对比法、特征法、联想法等，这些方法全部需要人们根据实际情况进行选择。如果条件允许，也可以把多种方法结合起来运用。总之，只要能够编制出合适的口诀，就不必过于拘泥于各种方法。

口诀记忆法还有一个用处，那就是用来记忆多音字。很多字

◇ 运用谐音记忆法的方式 ◇

在运用谐音记忆法时，主要有两种方式。

> 铍镁钙锶钡镭——
> 披美盖，是贝类！

> 山巅一寺一壶酒，尔乐
> 苦煞吾，把酒吃，酒杀尔，
> 杀不死，乐尔乐……

1. 在记忆汉字时，用谐音的汉字代替。这种情况一般适用于按照一定顺序记忆某些汉字的情况。

2. 在记忆某些数字时，把数字变成一些有意义、有内容的汉字或语句。实际上这种方式我们经常用到。比如，02 用汉字表示可以是"栋梁"，36 用汉字表示可以是"山路"。

这样利用谐音稍做改变，无论是记忆汉字还是数字就都变得十分简单了，可见这一方法对记忆的重要作用。

的读音有多种，在这种情况下，我们就可以编制出口诀来记住某个汉字的所有读音。比如，"累"这个字，就可以编成"常年劳累（lèi），疲劳积累（lěi），一旦生病，便成累（léi）赘"。

运用口诀记忆法进行记忆确实比较简单，但是它并不是完美的，在具体使用时也有一定的局限性。第一，必须根据具体的情况来决定是否需要使用口诀记忆法，如果材料不常用或者不复杂，就不需要再花费时间和精力去编口诀；第二，口诀必须要忠于记忆材料，要精练准确，简洁明了；第三，在口诀的韵律上不能牵强附会，否则就会对我们的记忆造成一定的困难；第四，口诀最好是自己编写，这样才能够让口诀在大脑中留下的印象更深刻，同时也更加适合自己，当然，这一点不是必然的要求，如果已经有成熟和简单的口诀，我们也可以拿过来用，只要保证自己能理解，达到最佳记忆效果就可以。

总之，使用韵律记忆法，能够大大减轻我们的记忆负担，同时显著提高记忆效果。

减轻大脑负担，妙用字钩记忆法

字钩记忆法主要用在记忆许多抽象的词、词组和短文中，指的是将记忆内容中的一个或几个最有特点，并且能和整体联系的字单独提出来，进行重新排列和整理。在这种情况下，只要记住字钩，就能够记住所有内容。

字钩记忆法的主要作用是减轻大脑的负担。虽然人们的记忆容量是无限的，但是一定时间内输入过多需要记忆的信息也会使大脑超负荷运行，造成大脑的疲劳，产生一定的负担，导致记忆效果的降低和记忆力下降。碰到这种情况，人们可以把记忆的内容简化，争取能通过记忆很少的内容，达到记忆更多的信息的效果，以达到减轻大脑负担的目的，字钩记忆法就具有这样的特点和效果。

字钩记忆法的产生是人们合理利用大脑的自觉记忆和潜记忆的结果。潜记忆是人们普遍存在的一种记忆现象，它储存了人们平时记忆的大多数信息，只要大脑接收到相应的刺激，潜记忆中

◇ 字钩记忆法的应用 ◇

字钩记忆法的用途非常广泛，如我们都知道金庸大侠一共写了 15 部作品，其中的 14 部作品是《飞狐外传》《雪山飞狐》《连城诀》《天龙八部》《射雕英雄传》《白马啸西风》《鹿鼎记》《笑傲江湖》《书剑恩仇录》《神雕侠侣》《侠客行》《倚天屠龙记》《碧血剑》《鸳鸯刀》。

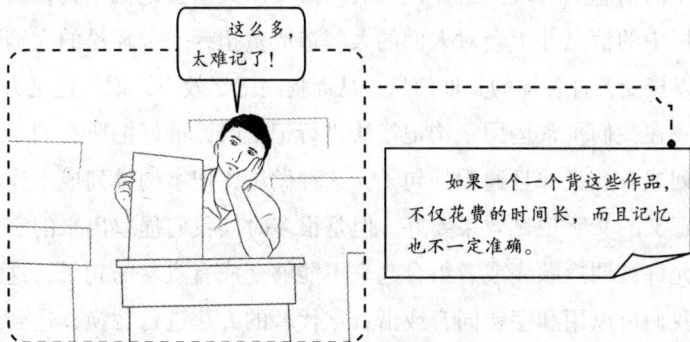

> 这么多，太难记了！

> 如果一个一个背这些作品，不仅花费的时间长，而且记忆也不一定准确。

> 总共 14 部，分别是飞雪连天射白鹿，笑书神侠倚碧鸳。外加一个《越女剑》。

> 我们现在记忆这 14 部作品的方法是一副对联：飞雪连天射白鹿，笑书神侠倚碧鸳。如果再加上横批的"越女剑"，就能把金庸所有作品都包括在内。

这副对联中，每个字代表的都是一部作品，我们通过这 14 个字就把所有作品都回忆出来，这就是典型的字钩记忆法。

记忆的信息就会自动再现出来。字钩就是刺激潜记忆中信息再现的重要工具和手段。

在运用字钩记忆法时，人们会把字钩记忆在自己的自觉记忆中，使字钩变成人们的永久性记忆，而其他信息则储存在潜记忆当中。当人们需要完整的信息时，就调出字钩，用字钩刺激潜记忆中的信息的再现。这样，人们只需要用大脑去记忆字钩，而潜记忆中的信息并不会对人们的大脑造成负担，一个轻松的大脑还可以接受各种各样的其他信息，从而提高记忆效率，增强记忆力。

在我们平常运用字钩记忆法进行记忆时，最好把所有的字钩排列成有意义并且通顺的句子，这种做法比把字钩排列成一连串无意义的文字记忆效果要好。但是很多时候我们提取出来的字钩不允许被调换顺序或者组合起来不能够变成有意义的句子，这时候我们可以用和字钩同音或谐音字代替的方法进行替换，达到最方便我们记忆的效果。比如，要记忆我国的内蒙古、新疆、青海、西藏这四个主要的大牧区，就可以用"内新青西"来代替，但是"内新青西"并没有什么实际意义，这时候我们可以把"新"换成"心"、把"青"换成"清"、把"西"用"晰"代替，得到的结果是"内心清晰"，这样就变得有意义并且方便我们记忆。

有时候，我们在一段很长的信息内容中得到的字钩字数是很多的，这种情况下我们要学会对由字钩组成的句子进行合理的断句处理。研究表明，字钩组合的句子最好不要超过 7 个字，超过 7 个字，人们的记忆效率就会变低。因此，如果字钩组合超过 7 个字，就一定要进行有利于记忆的划分，但是一定要注意节奏的对称。

字钩记忆法的重点是在字钩的选择上，因此，必须仔细思考究竟选择哪些字作为字钩，同时在作出选择后，一定要仔细检查，如果发现我们所选择的字钩并不能有效帮助我们记忆，那么就应该马上对字钩进行更换，以免不利于我们对信息内容的记忆。

关联词、关键词以及缩写词法

关联词汇法，是指把人们自己熟悉的一种具体的物体与自己想要记忆的信息联系在一起进行记忆的方法。关联词记忆法主要用于对数字的记忆。

在使用关联词汇法时，我们可以把要记忆的词汇和我们所选择的关联词联系起来，组成一定的特定情节，并且用一定的肢体语言表现的同时大声把我们想象的情节喊出来，这样就更容易记住我们所需要记忆的信息。

如果人们记忆一些具体的物体好过对数字的记忆，就可以选用关联词记忆法进行记忆，这能够有效提高人们的记忆力。例如，1代表的是太阳，我们就可以指着天说，天上只有一个太阳。

当人们掌握了关联词汇法之后就可以通过联系法，进一步提高自己的记忆力。

联系法，是指在连接过程中，用行动或者想象把一个词和另一个词进行联想。这种方法通常被用于记忆一长串特定顺序的信息组合。联想法的基础是关联词汇法，想要合理运用联想，就必须使用先前的关联词汇。比如，我们要记忆数字4231314，就可以想象成车轮被一个腿短的人推着通过了原野，那个人对着太阳伸出一个手指并且让车轮落在了地上。在这段话中，车轮代表的是4，腿代表的是2，人表示的是3，原野和手指代表的是1。

联系法最重要的一点，就是能够发挥自己的想象力，但是想

◇ 选择合适的关联词汇 ◇

　　关联词汇法的重点是要选择一套合适的关联词汇。关联词汇的选择并没有什么特定的标准，可以按照自己的喜好和熟悉程度来选择，但是一定要选择最有助于我们记忆的关联词汇。

我可以把这些知识和我听的歌联系起来记忆！

　　1. 比如，有些人对各类歌曲非常熟悉，那么他就可以选择歌曲作为关联词汇，这样他们就更容易记住要记忆的信息。

这么多书，我可以把这些书名编成古诗来记忆！

　　2. 有些人可能对古诗词很熟悉，那么他们就可以选择古诗词作为关联词汇，这也有助于他们的记忆。

　　只要是对人们有一定意义的词汇，都可以作为关联词进行使用。

象力是无限的，有些时候想象出来的事情也是不可能实现的，这样就会导致有些人认为自己联想出来的事情不可能实现，也不可能有利于人们记忆，所以就不采用联系的方法了。这种想法是错误的，因为用联系法想象出来的东西本身就没有什么意义，它最重要的作用就是帮助人们记忆信息，至于在逻辑道理上通不通或者能不能实现等问题，人们根本没有必要去考虑。

关键词法同样是一种有助于人们记忆的重要方法，指的是将口头和视觉上音似的单词和抽象的词联系在一起的一种记忆形式，主要用于记忆外语中的词汇和抽象概念。简单点说就是一句话或者一条信息可以用其中的一个关键词语进行记忆，或者从这句话和信息中提取几个关键词语进行记忆。比如，我们以前学习维护消费者的权益主要有五个途径，分别是与经营者协商和解；请求消费者协会调解；向有关行政部门申诉；根据与经营者达到的仲裁协议，提请仲裁机构仲裁以及向人民法院提起诉讼。这五个途径如果全部记忆，信息量会有一些大，可能造成大脑疲劳，导致人们记忆效率慢，这时候我们就可以在其中选取几个关键词进行记忆，比如，和解、调解、申诉、仲裁、诉讼，记住这几个关键词，再联系我们所学的知识，在用的时候就很容易回忆出这五个途径。

关键词法的重点就在于关键词的选择上，必须要有代表性，同时也应该尽量是简单一些、方便人们记忆的，再有就是和我们大脑中已经存在的信息联系最多、最紧密的。

缩写词法，是指把一段文字中每个词汇的首字母结合在一起，用来帮助人们记忆这段文字。比如，我们玩的网络游戏魔兽世界，平时在我们说到魔兽世界的时候经常会用 WOW 来代替，这是因为魔兽世界的英文全称是 World Of Warcraft，它总共由 3 个单词组成，我们记忆的时候就是把 3 个单词的首字母组合在一起，最后得到的就是 WOW，这就是缩写词法。

　　缩写词法在日常生活中的应用是非常多的，如我们经常用 BC 来代表公元前、用 AD 来代表公元、用 VIP 代表高级用户和贵宾、用 AIDS 来代表艾滋病等。很多时候，可能有些东西我们听都没听说过，但是如果说出它的字母缩写我们却知道代表的是什么，如脱氧核糖核酸我们可能就不知道是什么，但是如果说 DNA 我们就一定会知道。

第六章
整理和划分，让你过目不忘的材料处理技巧

让记忆内容更清晰，分类记忆法

人们在记忆较多的信息时，为了有效地提高记忆效率和记忆效果，通常会对记忆材料进行重新组织和分类编组，这种方法叫作分类记忆法，也叫系统记忆法。

对信息的分类，是指按照信息的某些本质或非本质的特征，找到记忆材料之间的共同点，将记忆材料进行科学的排列和组合，从而把零碎和分散的信息集中在一起，把杂乱无章的信息变得有条理。经过分类的信息，会变得更加概括化、条理化和系统化，能减轻大脑的负担，提高人们的记忆效率。

想要让记忆变得更有效率，就必须将输入大脑中的信息进行分类和整理，并且构建成系统。外界输入大脑当中的信息，有很多是需要人们记忆的。但是，这些信息并不会按照人们喜好的方式进入大脑中，也不会为了适应人们的记忆特点而有条理地进入大脑中，而是所有信息结合在一起，无条理、无规律、杂乱无章地输入。处于这样一种状态下的信息，如果不进行任何处理就直接去记忆，可能会有一定效果，但是绝对不可能把信息全部记住，同时也很容易造成大脑的疲劳，对记忆效果产生严重的影响。在这种情况下，必须对信息进行有效的加工编码，重新、系统地进行组织和分类，从而促进记忆，提高记忆效率。

为什么经过分类之后的信息，会更方便人们记忆，并且能提高记忆效率呢？

第一，分类记忆法的基础是脑神经生理学。

对信息进行分类，主要目的是让信息变得更加系统。脑神经生理学知识认为，记忆系统性的信息，能够在大脑当中形成系统化的暂时神经联系，而零散性的信息，只能在大脑中形成个别的、独立的神经联系。相比较而言，系统性的神经联系会让人们的记忆变得更快，更有效率。

第二，分类后的信息更方便人们进行联想。

想象力是记忆的来源，通过联想，人们能够在信息之间建立一定的联系，从而帮助人们记忆。而把信息进行分类，恰恰就能够让人们在进行联想时更轻松。举个例子来说，假如人们需要记忆香蕉、毛巾、狮子、电视、冰箱、牙刷、苹果、老虎、香皂、洗衣机、豹子、沐浴露、橙子、狗熊、电饭锅、橘子这16个词语，如果不对这些信息进行改变，只是按顺序去记忆这些词语，那么人们很可能只能记住7个左右的词语。因为每一个词语都相当于是一个组块，这些词语进入大脑后主要是储存在短时记忆当中，但是短时记忆只能容纳7个组块的容量，我们记忆的内容不可能超过这个容量。这时候，就可以把这些词语进行分类，根据各种具体事物之间的联系，这16个词语总共可以分为四类，其中香蕉、苹果、橙子、橘子属于水果类，毛巾、牙刷、香皂、沐浴露属于卫生用品类，狮子、老虎、豹子、狗熊属于动物类，电视、冰箱、洗衣机、电饭锅属于家用电器类。这样分类之后，原来的16个单独的组块就变成了4个大的组块，而短时记忆中储存的组块数量虽然有限，但是每个组块的大小却没有任何限制，因此，4

◇ 分类记忆的原则 ◇

分类是为了更好地记忆，而不是随便分分就可以了，那么，分类记忆要坚持怎样的原则呢？

> 分这么多组，更难记忆了！

1. 信息分类之后的数量最好不要超过 7 个

短时记忆是人们在记忆的过程中不可缺少的阶段；但是，短时记忆的容量一般只有 7 个组块，因此，分类时最好不要超过 7 个组，超过了记忆起来就会更加费劲。

2. 要对信息有充分的理解

> 这些信息主要讲的是……

分类是需要遵循信息之间的联系和特征的，而理解信息，主要就是为了找出信息之间的联系和特征。因此，对信息理解得越深刻，人们对信息进行分类时就越轻松，记忆也就越有效率。

> 这些信息都是关于还款的，你可以根据方式的不同来分别记忆……

3. 要准确选择分类的依据

不同信息之间的相同特征和联系可能有很多，但是并不都适合作为分类的标准，必须根据记忆信息的数量和种类，寻找信息之间最鲜明、最有特点的内在和外在的联系，以此作为信息分类的依据。

个组块很方便人们进行记忆。同时，当人们需要回忆这些词语的时候，由于相互联系的词语是共同记忆的，因此只要回忆起其中的一个词语，就一定能够想起另外几个，这也是对人们记忆能力的一种提高训练。

第三，分类是信息编码的一种主要方式。

输入大脑当中的信息想要变成人们的记忆，就必须先进行编码。分类作为信息编码的一种主要方式，自然有助于人们的记忆活动。

第四，分类本身就是记忆过程中应该遵循的一条重要原则。

人们记忆信息的最终目的是要为日常的生活、工作和学习服务。如果人们直接去记忆那些杂乱无章的信息，非常麻烦，甚至有时候会比人们在日常生活、学习和工作中遇到的问题还要麻烦，如果是这样，人们进行记忆活动还有什么意义呢？所以，一定要把信息进行分类之后再记忆，这样就能够省去人们很多麻烦。

当然，分类也不是随便怎么分都可以的，如果分类之后的信息依然杂乱无章，对人们的记忆没有任何的帮助。想要让分类后的信息真正帮助人们记忆，就必须在分类时遵循同类相属、异类相别的原则，找准信息之间的本质和非本质的联系和特征，根据这些特征，将信息进行分类、分科、分种、分项。

在分类记忆的时候，并不一定非要把有联系的信息放在一起进行记忆，很多时候可以把一段有顺序的信息从中间划分成几个部分，如人们记忆电话号码或者其他的一些号码时，通常就会把号码分成几个部分，每个部分中包含着几个数字这样去记忆，而不是单独记忆每个数字。这其实也是一种对信息进行分类的方法。

事实证明，分类记忆对人们识记信息，以及在大脑中提取信息都有重要的帮助。经常运用分类记忆的方法，不但能使大脑中的知识系统化，同时也能够使人们的大脑科学化，对人们养成科学的思维习惯有重大的帮助。

简单明了的图表记忆法

图表是人们常用的一种处理信息的方式，它包括图示和列表等形式。图表记忆法就是指用图表的形式对记忆材料进行加工和处理，以达到增强记忆效果的方法。

人们记忆信息的时候，需要对信息进行分类及整合，这样才能最有效地记忆。但是，很多的信息都是零碎的、复杂的，人们根本不可能一目了然地迅速分清信息之间的关系，这就导致人们不能快速对信息进行分类和整合，很容易混淆信息，对记忆活动造成很大的困难。图表记忆法恰好解决了这样的问题，它能够迅速整合零碎的信息，让信息看起来更加清晰，一目了然，使记忆活动变得更加方便和轻松。

图表的特点是简单明了、整齐划一、容易理解、容易分析、容易比较，因此信息被归纳到图表中之后，有助于人们记忆。在日常生活中，图表其实无处不在。比如，人们在上学时必不可少的课程表和值日生表。试想一下，如果没有课程表，学生和老师怎么可能知道要上什么课呢？如果没有人知道该上什么课，就会出现混乱的情况；如果没有值日生表，那班级的日常卫生谁去打扫呢？难道要靠学生的自觉，还是说要老师每天都进行安排？这些情况都会造成一些问题，因此最好的办法还是列出一个值日生表，避免各种问题的发生。再比如，人们经常用到的日历，这应该也算一种图表。日历中包含着很多信息，包括今天公历是哪一

◇ 利用图表的方式处理信息的好处 ◇

利用图表的方式处理信息有以下三个好处：

这里应该是……

1. 人们亲手制作图表的过程，本身就是对信息的一种理解和思考，能让人们对信息有一个最初的印象，这样信息会更容易保存在大脑中，更有利于记忆。

这样就一目了然了……

2. 图表展示信息会更加条理化和明确化，能让复杂的信息变得一目了然，对大脑产生强烈清晰的刺激，使人们难以忘记。

这里可以再加一点儿内容。

3. 图表既可以缩减记忆材料的体积，又可以扩大记忆材料的容量，是一种有效的记忆方法。

天、农历是哪一天、是什么节日、是什么节气等，这些信息被放在一起，人们看起来就一目了然。如果单独拿出来一个日期，人们就可能搞不清楚其他的信息，如问人们公历 12 月 16 日是农历的哪一天，如果不看日历，相信绝大多数的人回答不出来。

图表的主要作用是处理信息，在日常的工作和学习中，主要用到的图表形式有三种，分别是一览表、比较表和相互关系表。

一览表的主要作用，是让复杂或零散的信息看起来更简便，理解起来更容易。一览表的主要制作方法，是把复杂的信息或散见于不同地方的信息，归纳集合到一起，通过图表的形式把这些信息反映出来。它主要用于从整体上介绍某些事物，如你向别人介绍一辆汽车，就可以把汽车的各种数据列成一个图表。

比较表的主要作用，是帮助人们准确找出信息之间的相同点和不同点。比较表的主要制作方法，是把相同类别、相似类别的那些相似和极易混淆的信息内容集合到一起，并且对这些信息进行归纳、整理和比较，找出信息之间的相同点和不同点，然后制作成图表。它主要用于直观表现事物之间的相同点和不同点，如人们想知道几种电脑的不同点，就可以通过比较表来表现。

相互关系表的主要作用，是展示不同信息之间的关系，包括影响和制约等，使信息更加条理化和明朗化，便于记忆。相互关系表的制作方法，是找到信息之间相互影响、相互制约、因果关系、先后关系、并列关系等关系，按照这些关系把信息制作成图表。它主要用于表现不同事物之间的关系和联系，如房子和砖块、水泥之间的联系。

当然，图表的形式并不只是包括这三种，还有很多种形式。并且，各种图表形式的样式也并不是固定的。在人们用图表的形式处理信息时，选择什么样的图表并不是固定的，即使是相同的信息，也可以选择不同的图表形式，这些需要人们根据自己的习惯以及信息的内容进行选择，但是尽量选择自己最熟悉的和处理信息最方便的图表形式。

图表存在是为了让信息变得简单明了，因此人们在绘制图表时也要注意，不能够把图表制作得特别复杂，一定要简单，否则根本无法达到简化处理信息的效果。在制作图表时，线条和文字都应该力求简洁，争取让人一看就能理解图表所表达的主要内容。如果能够在图表中加入一些自己的思考，就更能加深记忆效果。

归纳中心，罗列提纲

提纲记忆法就是指通过对记忆材料的分析和总结，将其归纳成提纲的形式进行记忆的一种方法。这种方法不仅能够促使人们对记忆材料进行深入的思考，加深对记忆材料的理解，而且也能将材料中的知识系统化，按照一定的顺序储存到自己的记忆库中，无论是对保持记忆还是对回忆，都有一定的好处。实际上，编写提纲本身就是一个加深对记忆材料的理解和巩固记忆的过程。从这一点上来看，提纲记忆法确实是有助于人们记忆的。

使用提纲记忆法时，最重要的步骤就是编制提纲。编制提纲的主要目的是对记忆材料进行分析、综合和概括，主要的作用是体现材料的主要内容、精神实质以及相互之间的逻辑关系，同时也能体现人们自己的语言风格，使材料更符合自身的记忆特点，最终提高自身的记忆效果。那么，编制提纲为什么能提高记忆效果呢？

第一，提纲是对整个材料的概括，因此线索清晰，内容简便，方便人们直接观察；第二，虽然与整个记忆材料相比，提纲的内容简便，但是，它却概括了记忆材料的全部内容，也就是说我们记忆提纲和记忆完整的记忆材料的效果是一样的，但是记忆提纲却能节省很多时间；第三，提纲不同于正常的文章，时间、地点等各种因素俱全，它只要概括出主要内容就可以，因此在行文上异于常规文章，同时因为篇幅短小，有一种"小清新"的感觉，能给人留下深刻的印象；第四，编制提纲，能够把记忆材料内部的各种联系全部整理清楚，使人们分清材料内容的主次，条理分明，做到有针对性地记忆，从而加速记忆过程；第五，提纲语言简洁，表达意思直接明了，集中了材料中所有内容的精华，自然方便人们记忆。

提纲记忆法条理分明，虽然简化了记忆材料，却保留了记忆材料内部的联系，是提高记忆效果和记忆效率的重要方法。那么，究竟应该怎样运用提纲记忆法呢？

第一，要熟读并且分析记忆材料，找到记忆材料内部的各种关系和其基本的脉络，为编写提纲打下坚实的基础，并做好充分的准备。提纲毕竟是对记忆材料的概括，因此熟读并且掌握记忆材料的主要内容是十分重要的；另外，所谓概括，既不能脱离原材料的主要内容，又必须要把整个材料内容用简洁的语言表达出来，这就要求我们必须对材料进行分析，找准材料中的主要内容和主要关系，这样才能编制出最准确的提纲。

第二，发挥大脑对信息的组织能力，对记忆材料进行概括和综合。这是使用提纲记忆法时最主要的步骤。在概括材料时，一定要抓住记忆材料的重点和主干，并且把要记忆的材料纳入大脑原有的知识中，使其变得条理化。只有对材料进行概括和综合之后，才能有编制提纲的根据。

第三，深刻理解材料内容，在把握材料中的各种关系的基础上，用文字的形式编制提纲。要用自己的语言，把经过分析和综合后、储存在大脑中的内容表现出来，甚至在有必要的情况下也可以和别人进行讨论，避免自己编制的提纲不够完美。

这样编制完成提纲之后，就为人们使用提纲记忆法进行记忆打下了良好的基础。然后，只要按照提纲进行记忆，记忆材料中包括的所有主要内容，我们就能全部记住。

高效率的概括记忆法

概括记忆法就是通过对记忆材料精心提炼、概括和简化，来抓住材料的重点进行记忆的方法。概括记忆对提高记忆效率有重大的作用，大多适用于记忆内容较多、较系统和复杂的材料以及社会科学知识。

记忆材料是多种多样的，很多记忆材料不但内容多，而且内容复杂，并且有很多无意义的内容掺杂在我们需要记忆的内容之中。这样的材料，我们没有必要全部记住，但是又不知道到底该记忆哪些部分，因此会对我们的记忆活动造成很大的困难。这种情况下，我们就必须要找到记忆材料的核心部分，抓住材料的重点和主要内容，集中精力进行记忆，这样才能够更好地记忆复杂的材料。

概括记忆法要求人们具有非常强的思维能力和概括能力，只有这样才能对记忆材料进行充分的分析、思考和研究，才能提炼出记忆材料中的核心和精华部分。因此，运用概括记忆法，必须先锻炼自己的思维能力和把握材料的能力。人们必须通过思考和分析找到材料的关键部分和大概意思，不能够把注意力集中在一些不需要记忆的细枝末节上面。要让自己的思维具有选择性和跳跃性，选准关键点去思考和记忆。还要根据不同的材料选择不同的概括方法，让材料在保存核心思想的基础上得到最大程度的减少，以减轻记忆负担。概括的方法主要有内容概括、主题概括、按顺序概括等。内容概括主要是抓住记忆材料的关键性词句和主要情节；主题概括主要是抓住记忆材料的主题和要领；按顺序概括，是指突出材料的顺序性，或者是用容易回想起来的数字概括材料。很多时候，概括记忆法需要结合在一起进行使用才能更好地概括整个记忆材料，这需要人们根据实际情况进行最佳的选择和组合。

第七章
逻辑与想象，发挥思维力，为过目不忘搭起桥梁

深究细节，形象记忆法

形象感知是记忆的根本。形象记忆法就是通过对信息和一些具体形象之间的联想，来帮助人们记忆信息的办法，它是形象联想原则的实际应用。形象记忆法能够核实人们要记住的每件事物。

想要了解形象记忆法，必须先要清楚什么是形象记忆。形象记忆的主要内容，是人们自己感知过的事物的具体形象。比如，我们想要记住一个人，就需要记住这个人的具体形象，包括容貌、仪态；想要记住一种水果，就需要记住水果的颜色、形状、味道等。注意，必须记住一些具体直观的形象，才能够记住这些事物。形象记忆是随着人们形象思维的发展而发展的，和形象思维有十分密切的联系。形象记忆以视觉形象和听觉形象为主，当然，由于人们从事的职业不同，一些特殊职业的人，在嗅觉等其他方面的形象记忆，也能够达到一定的高度。

形象记忆并不仅仅用来记忆那些有具体形象的事物，对一些抽象的记忆材料和事物，它也是一种常用的记忆方法。当然，用形象记忆的方法去记忆抽象的信息，有一个很重要的前提条件，那就是把抽象的信息形象化。

形象化，是指把记忆材料和事物，同人们能够看到的图像联系起来，让复杂记忆材料和事物转化成图片或者图表的形式。一般来说，具体的图像比抽象的观点和理念更不容易忘记，就像我们听别人说过一个人和我们真正见过一个人，产生的印象是不同的道理一样，我们对自己用眼睛看过的人印象会更深刻。

形象记忆法的基础是形象联想。要运用形象记忆法，必须要让被记忆的事物在大脑中形成一个清晰的形象。但是，很多时候人们需要记忆的事物并没有具体的形象，这就需要人们发挥想象力，把需要记忆的事物和已经知道的事物形象联系起来。或许有人认为，这种联想必须建立在一定的逻辑关系基础上，如太阳，就应该把它联想到一个圆形的事物上。但是事实上并不是这样，运用形象记忆法时所进行的联想，完全不用去考虑信息和具体事物的形象之间是否具有逻辑关系，它不一定是在人们印象中的那种正常的联想，可以是滑稽的，也可以是可笑的，甚至可以是牵强附会的。总之，只要人们联想出来的东西对人们记忆信息有帮助，那就没有任何形式的限制。

所有的记忆方法、记忆手段和记忆策略都是为了让人们的记忆不出现漏洞，形象记忆法也是一样。虽然形象记忆法的使用方法很简单，大多数人都可以应用，但是如果在使用时受到一些意外因素的影响，形象记忆法是不能起到帮助人们记忆的效果的。因此，在运用形象记忆法时，有几点重要的注意事项。

第一，形象联想可能是没有任何逻辑关系的，因此对人们大脑中的那些不合理的、稀奇古怪的、不合逻辑的联想，不应该拒绝和排斥。在现实生活中，一些不符合实际情况和逻辑关系的联想总是会遭到别人的嘲笑，甚至有时候人们自己有这样的联想时，自己都会感觉到可笑，可能还会认为自己很愚蠢。但是在记忆领域内，这样的联想是正常的，它能够提高记忆效率，改善人们的

◇ 形象记忆法的好处 ◇

这里所说的形象记忆法，主要应用在记忆抽象的记忆材料。这种方法主要有以下三个好处：

1. 让人们在记忆事物和信息时更有秩序，避免因为混乱和毫无章法地记忆，造成人力和物力上的损失。比如，因为没有记住某个地点而造成东奔西跑的情况，会导致金钱和资源的浪费。

CaffeDene

咖啡店左转第一家就是我们要去的地方，这样记住你就不用来回找地方了。

接下来应该去药房拿药……

2. 有助于人们记住一个完整过程的各个阶段，就像是做一件事情第一步要做什么，第二步要做什么一样。

3. 能够减少自己的担心。对某些事情记忆不清楚，会导致人们心绪不宁，如果我们能用形象记忆法记住这些事情，就能够免除自身那些不必要的担心。

锁了！

我锁门了没有？

记忆力。

第二，不能随意加速形象联想的过程。俗话说熟能生巧，任何事情做的次数多了，都会变得熟练，速度也会变快。形象联想的次数增加之后，联想的速度同样会变快。但是这种快却并不是人们所需要的。要让信息变成长时记忆，并不是一个瞬间就能完成的过程，这其中需要自身的努力和足够的时间，单纯的提高形象联想的速度，并不会起到任何效果，甚至还可能会产生负面的作用。

第三，形象联想附加评论和一些情感上的判断，也能加深记忆。记忆具有个性化的特点，而对形象联想附加评论和一些情感上的判断，恰好会使记忆信息变得更富有个性化，更方便记忆。

第四，要有足够的耐心和毅力。无论人们做什么事情，想要取得成功，都需要足够的耐心和毅力，记忆也是一样。如果因为使用了形象记忆法，但是却没有能够记住某些信息，或者因为觉得形象记忆法非常麻烦，就不再选用形象记忆法去记忆信息，那就永远都不可能学会使用形象记忆法。

在大脑中绘制图像的记忆法

图像记忆法，是指以联想作为手段，将自身需要记忆的信息，转化成比较夸张、容易引起自己的注意并且不讲究是否合理的图像，从而加深记忆，提高记忆效率的一种方法。

并不是所有的信息都需要转化之后才能使用图像记忆法，有很多信息本身就是以图像的形式输入人们大脑中的，人们之所以能记住这样的信息，就是图像记忆法在起作用。比如，在现实生活中，人们总是能够想起一些很多年前的事情，并且每次想起来都会像是重新经历过一样，非常清晰，这就是因为事件中的各种图像，都深深印在了人们的记忆当中。

人们发挥自己的想象力，进行联想，是图像记忆法的一个重要环节。但是，在使用图像记忆法时进行的联想，其自身也有一定的特殊性。

第一，非必要合理性。

非必要合理性，是指人们在运用图像记忆法时进行的联想，可以不受任何限制，也不需要符合一定的逻辑关系或者实际情况。这样会使人们的思维变得更活跃，联想出来的东西也更丰富，对记忆的促进效果更大。这种联想有明显的目的性，主要就是为了帮助人们记忆。为了达到这样的目的，联想内容的合理与否根本不会有任何的影响。

第二，容易相关性。

容易相关性，是指人们针对记忆主体所进行的联想方式，越适合自己，就越容易记忆。俗话说"鞋合不合适只有脚知道"，人们所进行的联想到底能不能帮助自己记忆，也只有自己知道。因此，在选择联想方式的时候，必须选择最适合自己的方式，这样才能做到最大限度地提高记忆力。另外，记忆本身就是人们自己的东西，人们想要记忆什么样的信息，以及怎么记忆信息，都并不需要考虑其他任何人的感受。既然只需要考虑自己，当然是各个方面都选择最适合自己的，包括联想的方式。

第三，夸张性。

夸张性，是指人们在使用图像记忆法时所进行的联想，可以进行一定程度的夸张。当然，如果是真的有助于人们记忆，也可以夸张到非常严重的程度。过分夸张可以刺激海马体分泌一种波

◇ 图像记忆法对记忆的重要性 ◇

在整个记忆领域中，图像记忆法有着很高的地位。

1. 人们所进行的各种记忆活动中，很多信息都是依靠图像记忆法，才能最终被人记住。

2. 随着人们年龄的增长，语义记忆的能力在逐渐减弱，与之相对应的是情景记忆的能力却在逐渐增强。

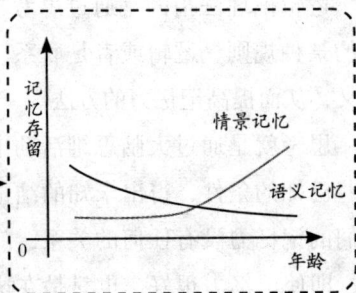

记忆存留

情景记忆

语义记忆

0

年龄

而图像记忆法和人们的情景记忆能力的关系十分密切，所以，人们会越来越依赖图像记忆法来记忆各种信息。

线，这种波线有利于海马细胞树突上的树突棘的改变。因此，夸张的联想同样有助于人们的记忆。

图像记忆法应用起来非常简单，就是把一些信息联想成一幅完整的图像来帮助人们记忆。比如，人们需要记忆电脑、鲜花、飞机场、窗帘、圆珠笔、东非大裂谷、外国、虚假同感偏差、消失、阿拉巴马这些信息，就可以通过自身的联想，让它们形成一个整体的画面。比如，人们可以想象成电脑按着鲜花留下的标示来到了飞机场，派遣窗帘中队来阻止圆珠笔掉进东非大裂谷，但是在外国的上空，受到了虚假同感偏差的袭击，于是中队消失在了阿拉巴马。这样的一个整体画面，人们可以通过其中的一点而想起其他相关的部分，从而达到提高记忆效果的目的。

逻辑推理，合理化联系信息的方法

逻辑推理法指的是通过思考、推理等手段，找到各种信息之间的某种规则、逻辑或者是联系，重新规划信息，使信息变得有意义，从而提高记忆力的方法。

思考就是通过大脑思维活动来想一些事情，而推理就是根据一些已知的条件，得出未知的结论。看起来这两种行为确实都和人们的记忆力没有任何的关系，就像一个非常擅长思考和推理的人，即使记忆力很好，也只是在这两个方面相关的事情上的记忆力很好，对其他方面的信息，没有这么好的记忆力，这样就导致很多人都认为逻辑思考能力、推理能力和记忆力没有任何关系。事实恰好相反，如果一个人拥有非常好的逻辑思考能力和推理能力，那么这个人的记忆力也能够变得非常好。

第一，思考和推理都是在人们的大脑中进行的活动。经常进行逻辑思考和推理的人，大脑一定非常活跃，得到的锻炼也一定很多；相应地，大脑一定非常发达。而记忆活动同样是发生在人们大脑中的活动，一般来说，人们大脑内部的活动越活跃，人们的记忆效果就会越好。一个发达、活跃的大脑，一定会对记忆活动起到促进作用，使人们的记忆能力显著提高。

第二，思考和推理能够提高人们对信息理解的程度。人们对各种信息的记忆程度，与人们对信息的理解和加工程度是分不开的：信息加工和理解得越透彻、越清晰，记忆效果就越好；反之，人们对信息的记忆效果则非常差。逻辑思考和推理本身就是一个对信息加工和理解的过程。思考的过程需要对信息进行分析，这样就能够加深人们对信息的认知程度和理解程度，在人们得到自己思考的结果的同时，信息就已经被分析和理解透彻；人们在进行逻辑推理的时候，同样需要对各种信息进行分析，这样才能推理出正确的结论，因此在推理的过程中人们对信息也已经分析和理解透彻了。这也就是说，通过逻辑思考和推理的方式，人们能够记忆各种各样的信息。

第三，复杂信息的记忆需要运用一些特殊的方法，如找到不同信息之间的共同点。人们可以通过对共同点的记忆、把共同点当作字钩等方法，来记忆各种不同的信息。逻辑推理的过程本身就是一个找信息之间共同点和不同点的过程，只要能够找到信息之间的共同点，那么各种信息就能够轻松储存到人们的记忆系统里。

第四，当信息以一个完善的逻辑体系的方式储存在记忆系统中时，一旦人们遇到问题，记忆系统中的信息结构就能被迅速调动起来，并且能够以最快的速度找到解决事情的方法。对信息的逻辑思考和推理能够使各种不同的信息凝结成一个完善的体系，同时由于人们在思考和推理的过程中，对信息的分析和理解非常透彻，导致这种知识形成的体系，会直接储存到人们的记忆系统中，在人们有需要的时候为人们服务。

逻辑推理法同样离不开想象力的帮助，因为在人们进行逻辑

◇ 使用逻辑推理法对人们的好处 ◇

逻辑推理方法需要很好的思考能力和想象能力，因此，多多使用逻辑推理的方法对人们是有益的，具体来说有以下好处：

1.使用逻辑推理法需要强大的思考能力，经常使用可以使人们的大脑变得训练有素，大大提高人们的智力水平。

2.使用好逻辑推理法还必须有良好的想象力，经常使用能够有效地改善人们的记忆能力，增强人们对各种信息的记忆效果。

可见逻辑推理能力确实对我们有利，因此，在日常生活中应该多使用这一方法，提高自己的记忆能力。

思考和推理的过程中，想象力能够帮助人们迅速在各种不同的信息之间建立一定的联系，从而大大方便人们达成逻辑思考和推理的目的。

发挥联想，连贯记忆的方法

看到一个事物就会自然想到另一个事物，这就是联想。正是因为有了联想，人们才会将不同的事物联系在一起。因此，联想在记忆过程中起着非常重要的作用，人们会自动寻找客观事物之间的关系，然后把关系在大脑中形成相互连贯的线条，这种连贯的线条就是记忆和联想的基础。

联想和记忆有着密切的关系，联想是最重要的记忆法之一。适当地利用联想记忆法，对增进记忆力有很大的帮助。下面我们介绍四种主要的联想记忆法：

第一，接近联想法，指两种事物之间在空间上同时或接近，时间上也同时或接近，然后在此基础上建立起一种联想的方式。

首先举例说明空间联想。例如，有时候很熟悉的外语单词，到用的时候一下子就想不起来了，可是这个单词在书本的什么位置却清晰记得，这样我们就可以想一下这个单词前面是什么词，后面是什么词，这样持续地联想，往往对想起这个单词有很大的帮助。因为这个单词与前面的单词、后面的单词位置很接近，所以在空间上建立起了一种联想。

我们再举例说明时间联想法。例如，一个人去参加女儿的毕业典礼，在毕业典礼上他和他的女儿拍了张照片，可后来他却发现找不到了。于是这个人就回忆当时是在什么情况下丢的。他晚上回到家还和全家人看了照片，看完后他想着放在一个比较容易

◇ 影响联想的因素 ◇

我们在记忆和学习新事物时，要善于想象，尝试使用不同的联想法。不过联想会受一些因素的影响。

> 对杨某的案子你怎么看？

> 这个案子已经过去好几年了，我有些记不清了……

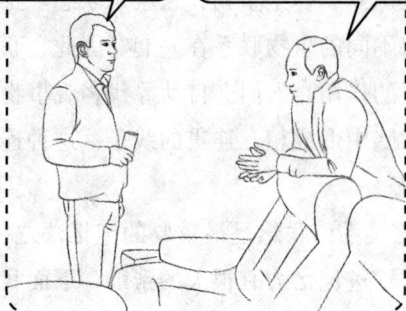

1. 时间先后

对新形成的联想就容易回忆，如最近看过的电影就比以前看过的电影容易回忆；但是对以前形成的联想回忆起来就比较慢一些。

2. 重复次数

联想反复使用的次数越多越不容易忘记，如乘法口诀，从小用到大，重复的次数多了，也就能做到张口就来。

> $5 \times 7 = 35$
>
> $3 \times 4 = 12$
>
> $7 \times 8 = 56$

联想是记忆的重要手段，能够强化记忆。因此，我们应该积极、主动、充分发挥联想在记忆中的作用，提高记忆水平。

找到的地方，等买到相册，再放到相册里。晚上11点多他上床睡觉，那照片放在哪儿了呢？突然，他想到是顺手放在床头柜里了。这就是在时间上建立起来的联想。

第二，相似联想法，一个事物和另一个事物类似时，往往会看到这个事物从而联想到另一个事物。相似联想突出了事物之间的相似性和共同的性质、特征。事物相似包括原理相似、结构相似、性质相似、功能相似。

结构相似，是指事物在外观构造上相似。例如，以青为基本字，组成"情""请""晴""清"等字。由于这几个字字形相似，所以很容易引起联想。

性质相似又可以分为形态相似、成分相似、颜色相似、声音相似等。例如，利用声音的相似词语来代替被记材料，我国唐代以后的五代：梁、唐、晋、汉、周，记起来比较不容易，顺序也会颠倒。因此，以"良糖浸好酒"来代替很容易记忆。

原理相似和功能相似也是这个道理。总之，通过记忆两者之间的相似性和共性，便可在记忆中发挥很好的作用。如果在学习中能准确到位地使用相似联想法，会有助于提高记忆效果。

第三，对比联想是由一个事物想到和它具有相反特征的事物的方法。也就是说通过对各种事物进行比较，抓住其特有的性质，从而帮助我们增强记忆力。如抗金名将岳飞庙前有这样一副楹联，写的是"青山有幸埋忠骨，白铁无辜铸佞臣"。"有"和"无"是相反，"埋忠骨"和"铸佞臣"是对比。我们只要记住这副对联的上句，下句通过对比联想，就能毫不费力地记住。由于客观世界是对立统一的关系，所以，联想事物之间既存在共性也存在对立性。如由黑想到白、由大想到小、由温暖想到寒冷等。

第四，关系联想法是由原因想到结果、由结果想到原因、由局部想到整体，或者由整体回忆起局部的方法。在我们学习的过程中，有许多材料能用到关系联想这种记忆方法，通过此方法可以有效地达到我们记忆的目的。例如，你想不起很多年前的一次考试或者一场比赛的结果，但是你能想起你当时非常沮丧，朋友和家人都安慰你了。根据这个结果，你很可能就会回忆起你在考试或者比赛中的表现，这就是从结果推到原因的一种联想。

综上所述，大多数人会通过联想记忆东西。比如，你银行卡密码设置的是你的生日或你喜欢的数字等。相反，如果有些事物和我们知道的东西联系不起来，我们要如何记住它们呢？这时，你就要发挥丰富的想象力了。当一个人想记住一些东西，他就会用自己的想象力量唤起埋藏于内心的情景和图像，然后将这些情景和图像储存在心里。

联想是记忆的重要手段，能够强化记忆。我们在记忆和学习新事物时，要善于想象，不能局限于一种联想法的应用。

找准"位置"，整合路线的记忆法

路线记忆法是一种强大的、完整的记忆技巧，同时也是一种强大的记忆工具。这种记忆方法主要就是通过将想象、联系和位置结合在一起，从而有效提高人们的记忆力。

路线记忆法最主要的应用是记忆一些地点，前提是必须有一个人们非常熟悉的地点和一条准确的路线。这个地点是为了找到一个准确的参照物，这样一方面能够使人们准确记住需要记忆的地点，另外一方面是能够避免人们忘记已经记忆过的地点，实际上它就是路线记忆法中不可缺少的因素之一——"位置"。准确的

◇ 路线记忆法的使用方法 ◇

路线记忆法作为一种我们日常生活中常用的记忆方法，到底该怎样使用这一方法呢？

1.需要有一个准确并且熟悉的地点，如自己的家里或者是熟悉的某个地方。

2.以这个地点为起点，在大脑中随心所欲地构思出一条路线。这条路线可以是长的，也可以是短的，但是绝对不能脱离人们之前确定的那个地点。

3.找到这条路线上的某些地点，并且记住这些地点的位置。

路线同样是为了帮助人们准确记住地点，如果路线不准确，那么这个地点也不可能被记住。这条路线，其实就是为了让人和这个地点之间，产生足够的联系，避免人们单独记忆地点时的不方便，同时也能帮助人们更准确地回忆这个地点。至于想象的应用，主要存在于人在构思路线和规划地点的时候。发挥想象力，把地点和路线准确地联系起来，提高人们的记忆效率。

在日常生活中，人们经常会为自己的旅游或者是出行作出一些计划，这些计划就是路线记忆法的应用。比如，你要出去旅游，首先就会有一个明确的地点，那就是自己出发的地方。然后你肯定会给自己规划出一条旅游的路线，如先到哪个地方，后到哪个地方，沿着什么路线走。之后你会有一些明确想去的旅游地点，任何人都不可能是先走到一个地方再去寻找旅游地点，肯定是先有了想去的地点，然后才会出去旅游。最后把想去的地点和自己规划的路线结合起来，按照顺序一个地方一个地方地去。

当然，路线记忆法不只是能够帮助人们记忆一些地点，还能记忆日常生活中的各类信息。比如，人们想要记住某种非常美味的菜肴，但是这种菜肴只有某个饭店能做出来，这时候人们就可以使用路线记忆法，记住那个饭店，同时也记住这个饭店能做出来这种菜肴，这样下次再想吃的时候，就自然会走到那个饭店去吃。

路线记忆法在实际的应用当中是可以变通的。第一，起点位置可以改变，任何一个人们熟悉的明确地点，都可以被当作路线记忆法的起点。第二，路线可以被改变，路线的规划本来就不是固定的，根据需要记忆的地点和信息的不同，记忆的路线也要不断改变。同时，由于有些人需要记忆的信息不可能全都出现在一条路线上，因此也可以允许多条路线同时出现，但是对此也有了更严格的要求，一定不能够把路线记忆混乱，否则肯定没办法帮助自己记忆。第三，路线上的地点可以被改变，很多时候一些地点只是在人们生活中的某个时间段中才能产生作用，这个时间里需要把这个地点记忆清楚，一旦过了时间，这个地点就没用了，不需要再记忆了。这时候，它依然出现在人们选定的路线上就显得很多余，没有意义，因此，自己可以把在路线上没用的地点抹去，同时加入其他一些原本没有的但却是人们需要记忆的地点。

除了这种普通的路线记忆法之外，还有一种方法能够帮助人们更好地记住一篇文章并且能够为人们做笔记和注释提供重点和结构，叫作"6WH"法，这也是一种路线记忆法。这里所说的"6WH"，是7个英文单词的首字母，分别是 Who、What、Where、When、What for、Why、How。在这些单词当中，Who 表示的是行动的主语，或者说是一篇文章当中的主人公；What 表示的是文章当中所讲述的故事，它到底是什么样的；Where 表示文章中所讲述的故事发生的地点；When 表示的是文章中所讲述的故事发生的时间；What for 表示的是文章中的主人公做这件事情的目的是什么；Why 表示的是文章中所讲述的故事发生的原因是什么；How 表示的是文章中主人公在做事情时所使用的方式和方法。

之所以把"6WH"这种方法也算到路线记忆法中，是因为在阅读一篇文章的时候，只要把"6WH"当作7个问题去问自己，把阅读文章当作解答的过程，那么人们就能够轻松地理解并且记忆文章的整个内容。也就是说"6WH"相当于一条路线，只要沿着这条路线走，就能够快速到达终点。

事实上，不仅是阅读文章需要按照"6WH"的方法进行，而且人们在平时写文章的时候，同样要按照这个方法去写作。一方面，时间、地点、人物本身就是一篇文章当中不可缺少的三要素，写文章的时候当然不可能缺少；同时文章要言之有物，这就是要求文章中要有一个主题事件，而事件当中就不能缺少起因、经过和结果，因此在写文章的时候这些要素也不可以缺少；再有文章中发生的事件一定要和主人公有一定的关系，否则写出来的文章就会非常混乱。另一方面，按照"6WH"的方法进行写作，也会让人们的写作过程变得非常流畅，能使文章连贯并且方便人们对自己的文章进行组织和安排，保证文章有一个合理的逻辑顺序。

理解是促进记忆的有效途径

理解是记忆的基础，对各种信息和事物的深刻理解有助于人们记忆的提高。人们要想记住某些信息，就必须理解这些信息所具有的意义。没有被理解的信息，即使被储存到记忆当中，也很难被回忆出来。

著名的心理学家巴特雷特做过一个实验，他让被测者读一个故事，然后要求被测者回忆那个故事。巴特雷特发现被测者在回忆故事时并没有按照之前读的内容进行回忆，而是按照自己的方法进行回忆，并且有几个普遍的倾向：第一是故事会变得更短；第二是故事会变得更清晰，结构也更紧凑；第三是被测者做出的改变，与他们初次听到故事时的反应和情感是相互匹配的。巴特雷特认为这样的结果说明被测者的记忆系统中只保留了一些突出的细节，而剩余的部分则是根据自己的情感对原始事件的精细化和重构。简单点说，就是被测者回忆出来的故事，是把自己理解的主要内容用自己的语言表达出来，这说明人们记忆最深刻的是自己理解的信息。

事实证明，我们对事物的理解越深刻，事物就越容易被记忆，保存的时间也越长。我们理解事物主要是理解事物的内部关系和规律，在理解的基础上进行分析和综合，并且与大脑中的其他经验、信息和资料建立一定的牢固联系，所以才不容易遗忘。

在记忆的过程中，我们该如何加强对记忆材料的理解呢？

第一，积极思考，了解概要。

思考是大脑思维的重要活动，通过思考，人们才能对各种各样的信息加深理解。在大脑内部已经存在的知识的基础上，通过积极的思考对记忆材料进行理解，能够让人们明白记忆材料所表达的大致意思。这样能让人们知道自己为什么要记忆某个材料，激发人们记忆的动力。

第二，逐步分析，找到记忆材料的关键。

分析主要是为了找到记忆材料之间相互联系的部分，从而找到记忆材料的重点和主要内容。在理解记忆材料整体的基础上理解主要内容和重点，更有助于人们记忆。

第三，直观形象，融会贯通。

把记忆材料变成直观的形象，更容易使人们加深对记忆材料的理解和记忆。例如，把记忆材料之间的关系用图表、实物、模型和图片等方式表现出来，能够让人们对记忆材料之间的联系一目了然，使人们对记忆材料的了解更全面。比如，人们统计某件事情得到了很多数据，如果把这些数据凌乱地写在纸上，人们看过之后可能会很难理解，如果用图表的方式把数据罗列出来，人们就能一目了然，理解起来更方便也更轻松。

第四，运用到实践当中。

实践是检验真理的唯一标准，我们所记忆的所有知识，都是用来为生活服务的，都是用来解决实际问题的。经常把记忆系统中的信息在实践当中运用，能够让我们对记忆信息的认知更加深刻，理解更加深刻，也能够深化和巩固记忆。实际上记忆和理解的关系非常密切，它们相辅相成，记忆离不开人们对记忆材料的理解，对材料的理解来源于人们的积极思考，思考得越多，理解得就越多，记忆得就越多。

第八章
方法对了，专业知识过目不忘不再是难题

适合学生使用的记忆方法

人们之所以要记忆各种各样的信息，主要是为学习、生活和工作等活动提供方便。其中，学生在学校进行的各种学习活动，受记忆力和记忆方法的影响最大。

首先要知道，好的记忆力和记忆方法肯定能够帮助人们在学业上取得成功。相对于人的一生来说，人们在学校作为学生进行学习的时间并不是很长，但是在这个过程中，需要做的事情却非常多，包括完成各种学习目标、解决各种问题甚至还要参加各种活动等。学生要掌握的知识实在是太多，留给学生的时间却并不是很多，造成学生必须和时间赛跑，在有限的时间内记忆更多的知识这种情况。这种情况下，记忆力就会起到非常重要的作用。只有拥有了良好的记忆力，各种各样的知识才能被学生记住，并且为学生们以后进行各种各样的活动提供需要的信息和重要的帮助。

记忆力虽然会起到很重要的作用，但是这种作用并不是决定性的，起到决定性作用的是正确的记忆方法。学生学到的知识是各种各样的，如果只用一种方法进行记忆，如用死记硬背的方法，或许也能够把学到的所有知识记住，但是花费的时间和精力却是非常多的。这种情况人们并不希望看到，因为学生最缺少的就是时间。所以，选择单一的方法去记忆学习到的所有知识显然是不现实的，就像人们盖房子也不可能只用一种工具一样。因此，为了节约时间，必须在碰到各种不同的知识时选择最正确的记忆方法，尽量要做到用最少的时间、最正确的方法去记住学到的所有知识。

正确的记忆方法在学生学习的过程中起到的主要是辅助性的作用，它主要是帮助学生更快地记忆在学习中学到的各种知识，并不会取代学习本身。学生学习的主要目的是理解、掌握和应用各种信息，而正确的记忆方法则可以加快这个过程。

那么学生在学习的过程中，究竟采用什么样的方法才最正确呢？方法并不是固定的，因为对待不同的信息，使用不同的记忆方法会得到不同的效果，也就是说针对各种知识，最有效率的记忆方法是不同的。比如，记忆一首古诗就可以用死记硬背式的记忆方法，记忆很长的文章可以用概括记忆法，记忆抽象的词语、词组和短文等可以用字钩记忆法，记忆有一定规则的知识可以用逻辑推理法等。总之，必须要根据所学的实际情况才能找到正确的记忆方法。

人们在学习中记忆的各种知识，最终还是要应用到实际生活中。在学习中出现错误或许还可以改正，但是在日常生活中出现错误，很多时候是没机会改正的。比如，盖房子，由于在学习时，对知识的掌握程度不好或者根本就记错了，导致人们选择一种错误的材料来建造房屋，最后造成住在这样的房屋中的人死亡。一旦出现这样的问题，哪还有机会去改正呢？所以，学生们学习的时候必须保证自己是无错误学习，也就是说要让学习到的所有知识都得到最正确的记忆。

相信只要做好这些事情并且能够在学习知识时找到正确的记

◇ 学习中要坚持的原则 ◇

要想让学习到的所有知识都得到最正确的记忆，学生在学习中必须要坚持以下几条原则。

只需要背重点就可以了！

1. 更少是为了更好

更少实际上是指我们应该从所有知识当中选择最重要和对自己帮助最大的进行记忆，这样能够避免那些不重要的知识对重要知识造成干扰，同时也能减轻大脑的负载程度，提高记忆效率。

听说你去过 A 省，你能告诉我关于那里的一些信息吗？

2. 不要害怕提问

提问就是向别人索要信息，它最大的好处就是可以减少对一些信息的加工步骤。

3. 保持注意力

保持自己注意力的集中、经常对学过的知识进行复习等活动，能够帮助我们更好地记忆学习过的知识。

忆方法，那么把学习过的知识全部记好，对所有学生来说应该都不会再是问题。

词句文章，过目不忘

在学习中，我们经常需要记忆一些词句文章。比如，上学的时候经常需要背诵李白的诗、苏轼的词等。我们会发现，很多人花费同样的时间，背诵同样的词句的时候，最后背诵的效果却并不一样，有些人能十分流畅地背诵下来，有些人则只能磕磕巴巴地背诵下来，有些人则干脆背不出来，这里面的主要原因就是人们对词句的记忆效果不同。流畅背诵的，说明对词句的记忆效果好；磕磕巴巴背诵的，说明记忆效果一般；至于那些背不出的，就说明记忆词句的效果很差。为什么会出现这样的差别呢？有些人可能看几遍就记住了，有些人却看了无数遍都记不住，这其中很重要的一部分原因是一些人使用的记忆方法不正确。

想要快速、清晰地记忆词句文章是有一定的方法的。

第一，采用循环记忆法。

虽然词句文章并不能算单个或零散的信息，但是仍然可以采用循环记忆法进行记忆，具体的做法就是把完整的词句文章拆分成很多独立的部分，随后一个部分一个部分地去记忆，并且不断进行复习。以诗歌为例，第一步是要把一篇完整的诗歌分成几节，首先从第一节开始记忆。第一天先一行一行地掌握第一节诗句，一直到能够准确无误地背出来为止，最好做到一个字都不错，包括标点符号，也不要出现错误。到此为止，第一天的背诵就结束了。第二天首先复习一下第一天记忆的诗句，随后背诵第二节诗句，同第一节一样，依然要做到不能出现一点错误。然后要把第一节诗句和第二节诗句放到一起进行复习，这样做是为了能让两节诗句紧密结合在一起，免得最后背诵的时候出现前后连接的问题。第三天记忆第三节诗句，依然要做到不能出现一点错误，随后把前三节诗句放到一起进行复习，一直到能清楚记忆为止。这样坚持下去，每天都增加一节诗句，并且把新学的诗句和前面的放在一起进行复习，一直到记住整篇诗歌为止。最后，所有的诗句都已经被记住了，并且复习过很多遍，想要做到所有诗句脱口而出就并不是什么问题。

第二，发挥想象力，把词句文章同一幅生动的画面联系起来。

这种做法的好处就是可以让词句文章在人们的大脑中留下更加深刻的印象，使人们在回忆这些词句文章的时候更轻松、更容易。具体的做法就是选择一个能概括你需要记忆的内容的关键画面，随后利用想象力，把画面和你需要记忆的内容结合起来，最终加深你的记忆。使用这种方法时，有以下两点情况要注意：第一是必须要逐字逐句地回忆你记忆的内容，一旦出现顺序混乱等情况，就很容易导致遗忘；第二是最好要记住词句文章的作者，这能够加深记忆的效果，同时在联想的时候也更加方便。

第三，使用路线记忆法。

这种做法主要就是通过使用记忆路线，建立一个保留节目库，从而记住那些需要记忆的词句文章。之所以选择这样的方法，主要是词句文章等都是书面上的文字，因此可以把书店和图书馆作为记忆路线上的极佳地点。具体做法是设计一幅把词句文章的作者和内容结合到一起的画面，然后将其存储在记忆路线上的某个点上，这样就能帮助我们很方便地回忆起词句文章。

◇ 使用循环记忆法的注意事项 ◇

使用循环记忆法在记忆词句文章的同时，还能间接训练人们的记忆力。但是在使用时还是应该注意以下几点：

1. 使用这一方法一定要坚持适度的原则，一旦觉得吃力，就不能再继续增加记忆数量，否则会出现大脑疲劳或心理紧张的情况，反而会影响记忆力。

2. 即使学习了新的词句文章，也不能忘记复习之前记忆的内容，否则就忘了之前记忆的内容，之前所花费的工夫就全部浪费了。

第四，还可以运用关键词记忆法。

任何东西总会有重点，词句文章更是如此，其中包含着一些要点和关键词。我们在记忆的时候，很可能会因为紧张等原因导致自己不能想起下面的句子，这个时候，如果我们掌握了一些要点或关键词，完全可以根据这些内容想起接下来的句子。当然，要点和关键词最好也储存在这个画面中，这样就可以把词句文章中的句子和储存着关键词和要点的画面联合起来进行记忆，这样回忆起来就相当轻松。

记忆词句的方法有很多种，但是人们不能盲目去选择，要选择最适合自己的方法。如果联想的方式适合你，你就可以选择后面的几种方法；如果你觉得联想这种方式不适合自己，那你就可以选择第一种方法，不断进行复习。

地理知识的记忆方法

想要彻底了解一个地方，首先就要知道这个地方的地理条件，这既包括气象、气候、水系分布、土壤结构、有无地质灾害等自然地理情况，也包括人口状况、经济状况、城镇分布、交通等人文地理情况。想要去一个地方出游，同样需要先了解那个地方的地理情况，包括气候和气象条件、各种地理风景、是否会发生地质灾害、当地各种风俗习惯等。由此可见，我们需要学习和记忆的地理知识是非常多的。但是，人们的精力是有限的，而且这有限的精力还必须应用到学习和记忆各种各样的知识中。因此，为了快速记忆地理知识，同时也能把更多的时间放在理解和应用其他的知识上，建立一个快速有效记忆地理知识的系统就显得十分有必要。

想要建立这样一个系统，一个好的记忆方法必不可少。由于地理的特殊性，大多数地理知识都有真实、清晰的形态，因此，最好的记忆方法就是发挥自身的想象力，通过联想的方式来记忆。

比如，记忆一个国家的各种情况，就可以用联想的办法。具体的做法是：第一步要为你想记忆的国家准备一个独立的区域，

◇ 记忆力对地理学习的重要性 ◇

记忆力在人们学习地理知识的过程中起着重要作用。

1. 在学习、掌握和了解地理这门学科的过程中，大脑皮质能力会被广泛调用，绘制、阅读并理解地图、图片和表格时都需要一定的空间和分析思维。

2. 人们在进行某些活动时也离不开对地理知识的记忆，如做实地调查、外出旅游等。

3. 地理是一门丰富的知识，山川湖泊、人口国家、地质灾害等，都包含在内。这么多的知识都要记住的话显然需要强大的记忆能力，只有用对了记忆方法，才能更好地学习地理知识。

这个区域可以是你去过的这个国家的某个地方，也可以是你熟悉的一些地方，如在你的房间中；第二步是把你想要记忆的各种数据进行分类，分别为不同种类的数据信息选择一个独立的想象图像，如用苹果代表人口；最后一步是进行联想，假设你要记忆的那个国家有 8500 万人口，你就可以想象你来到了之前设定的区域，看到一个 1985 年出生的朋友正在给大家分发苹果，这样你就能记住这个国家有 8500 万人口了。

如果想要记住一个国家的地形轮廓，也可以运用联想的方法，而且这种方法就是我们平时经常用的。比如，我们记忆中国的样子都会想到像一只雄鸡，而记忆意大利的样子则会想到像一只靴子等。

使用联想的记忆方法，不仅能够记忆各个国家的大致信息，对一些具体的信息，也能够进行有针对性地记忆，如记忆一个国家的具体地方，具体做法是：在记忆这个地方的时候，只要把它和这个国家联系在一起进行联想就可以。

当然，联想法并不是唯一记忆地理知识的方法，有一些具体的地理地点，也可以通过其他的方法来记忆，如地图记忆法。比如，我们要按照从大到小的顺序记忆四大洋的名字，这时候我们可以先在大脑中建立一条道路，同时把道路分成四段，但是每段道路的长度要各不相同，随后，想象出道路两边的各种商店，如最长的那段道路边上是太平洋超级市场，第二长那段道路边上是大西洋服装店，之后是印度洋风情小店，最后是北冰洋冰激凌店。这样，我们不仅记住了四大洋的名字，同时也记住了它们之间面积的大小关系。

博古通今，历史知识忘不了

　　很多学生觉得历史知识很难学习和掌握，因为历史包含着非常丰富的内容，有非常多的时间、地点、人物、事件等。但是不可否认，历史确实非常吸引人，也有很多人能把那些海量的历史知识记住，对历史十分精通。之所以会出现有人历史学得好、有人历史学得不好这样的问题，归根结底是学习方法和记忆方法的差异所造成的，学不好历史的主要原因就是没有选择正确的学习方法和记忆方法。

　　一般来说，想要达到精通历史的程度要做到三点：阅读、分析和想象。

　　实际上，学习历史最理想的方法应该是退回到历史发生的那个年代，去亲身经历、体验和感受那些能让人铭记的事件。但是，显然我们没有任何人能做到这一点。因此，必须通过大量的阅读，以及对历史的分析和想象，把需要记忆的历史事件和人物转移到我们现实的生活当中，重建历史，这样才能更好地记住历史。

　　阅读是为了更好地了解历史。历史是一门非常严谨的学问，它全部是真实发生过的事实，这就要求我们在记忆的过程中不能出现一点错误。因此必须通过大量地阅读来了解历史。毕竟所有的历史都应该以史书上的记载为标准，至于以口口相传等其他的方式记载的一些历史，可能并不详尽，也可能并不真实，甚至可能被夸大。就比如说一个人得了病，在第一个人嘴里可能是说他生病了，但是没什么大事；到了第二个人嘴里可能变成他的病很严重；这样传下去，到最后一个人嘴里可能说他得癌症了，马上就不行了。正如俗话说的那样："耳听为虚，眼见为实。"所以，想要真正了解清楚历史，为准确记忆打下坚实的基础，最好是要大量阅读历史。

分析是为了更好地理解历史。我们都知道，对一件事情理解得越清楚，记忆效果就越好，历史知识也是一样。比如，一个历史事件，如果你只记住它发生的时间，或许不见得能记住整个事件，但是如果你对当时的政治、经济、社会等情况进行综合分析，或许就能找到这个事件发生的必然原因，这样在记忆的时候，都不需要刻意去记忆，只要能了解当时的一些情况，自然就能明白这件事情必然会发生。

至于想象，则是为了把我们和各种历史事件的距离拉近。历史毕竟是早已经发生的事件，想要把历史转移到我们的生活中并且重建历史，就必须要发挥自身的想象力。通过想象让历史在我们的大脑中和心里面重现"复活"，否则历史终究也只能是书本上那一行一行的死板文字和资料。

想要重现历史，把所有的历史事件整合起来，并且了解历史事件以及人物之间的相互关系，最好的做法是发挥自己的想象，用自己熟悉的场景和人物来代替历史事件中的场景和人物。比如，你想记忆一个历史事件，就可以用你熟悉的一个地方来代替这个事件发生的地方，用这个地方及其附近的建筑物来代替事件中那些标志性的地点，再把事件中的人物替换成你熟悉的一些人，这样只要记住一些具体的时间和这个时间有关的所有史实就都能通过想象，在大脑中轻易地重建出来。当然，因为事件中会出现许多的时间、人物和陌生的人名需要记忆，这些因素很可能会造成一些麻烦，因此，在这种情况下可以恰当地使用记忆术，如通过代码记忆法记忆时间等。

记忆方位的正确打开方式

想要去一个地方，很重要的一点是要知道那个地方在什么方位，从你所在的地方出发之后，朝哪个方向走，需要走多远，这些全都需要掌握。即便你是坐车、坐飞机去那个地方，依然要知道它所在的方位，要不然又怎么知道该如何乘坐交通工具呢？因此，记忆方位的能力对人们非常重要。

记忆方位的能力包括：识别地点；看见和找到地点的方向感；地理能力；回忆自己看见的道路、场景、地点和物体的位置。在记忆方位的能力方面，人和人之间有很大差别。有些人的方位记忆能力很强，对地点、位置和方向等都有很强的直觉，从不会出现迷路等在方位和地点上迷失的现象，他们会记得曾经去过的地方，对那些地方的空间位置记忆也相当清晰，就像是把一幅地图储存在大脑中一样；有些人则属于另一种极端，他们甚至在自己居住的地方都会经常迷路，根本记不住任何方向、位置和空间的关系，在陌生的地方更是没有一点方向感，甚至连刚刚去过的地方也记不住、认不出，更不用说之前去过的地方了。之所以会出现这么大的差异，主要是一些人没有使用正确的方法提高自己的方位记忆能力。

如果能够运用正确的方法，每个人都能够提高自己的方位记忆能力。

首先，要培养兴趣。对方位感兴趣的程度，决定人们对方位的记忆程度，兴趣越大，记忆越好。实际上记忆任何事情都需要对其有足够的兴趣。因此，在到一个地方之前，应该仔细研究一

◇ 学会观察道路周围 ◇

想要准确地记住街道等位置方位，我们走在道路上时，一定要仔细观察周围。

1. 平时走路时，可以在某个十字路口或街角停留一下，看看那里的地标、大致方向和相关位置等。一定要把这些信息牢牢地保存在大脑中。

2. 还可以用笔把自己看到的这些东西画出来，尽可能地画细致一些，最好先在大脑中确定一个方向，在画图时进行参照，并且对大致的方向、街道的名字以及主要建筑物都要进行标注。

这条路叫文化路啊……

文化路

3. 只要我们在走路的时候注意自己走过的各个街道的名字，并且能在头脑中的地图上标注出来，长期坚持，记忆方位的能力就会得到提高。

下地图，直到对其产生兴趣。到那个地方之后，也要仔细注意自己走过的每一条街道，每一个地标，每一样路边物体和建筑物，甚至是每一个道路拐弯处。就像是那个地方有一笔巨款等着你去拿，或者是你的爱人正在那个地方等你一样。这样，就会有充分的动力去记忆那个地方的方位。

其次，在产生了足够的兴趣之后，就要加倍注意旅途中的地标和道路的位置。很多人总是说自己记不住方位，那是因为他们在一个陌生的道路上行走时，从来就没有注意观察道路沿线的各种事物。

为了尽可能地锻炼对方位的记忆能力，你可以走在大街上时，多走一些迂回的路线，尽量多地转弯，但是要注意自己的行走方向和整个过程，这样才能在大脑中顺利地把走过的地图再现。

还有一种办法能够帮助人们提高记忆方位的能力。具体做法是先在地图上面选择一条路径，随后在大脑中定下各个方向、街道的名字、拐角处、返回的路线等。在开始使用的时候，制定的路线可以短一点，之后随着熟练度的增加而逐渐增加长度。在路线制定之后，不看地图，按照设定的路线走一遍。在行走的过程中，还可以随时变化路线，同时把路线和大脑中的地图结合起来，使大脑中的地图不断完善，并且变得更加清晰。

这两种方法全都离不开人们自身对方位的兴趣，毕竟兴趣决定了注意力，而注意力又决定了关注的程度。因此，归根结底还是要提高自身对方位的兴趣，只要兴趣提高了，记忆方位的能力就会得到提高。

把自己的演讲内容铭记于心

演讲，就是当众讲话，对很多人来说，这是一个非常重要的技能，如政客、单位的领导等。但是，当众讲话并不是他们这些人的专利，基本上所有的人，在一生中都会有当众讲话的经历。因此，这实际上应该是每个人都必须掌握的技能。

一般来说，人们在演讲的时候会出现两种问题：第一种是因为忘记了演讲稿中的某个词，从而忘记了这个词后面的所有内容；第二种是演讲稿中有一些比较难记忆的词语，结果因为在心里面总是担心自己忘记这个词，导致记忆短暂消失这种情况的发生，因而忘记了演讲的内容。从这里来看，人们之所以不具备当众演讲的能力，问题基本上都出现在对演讲稿的记忆上。因此，只要找到正确的方法对演讲稿的内容进行记忆，就能够解决人们不敢当众演讲的问题。

那么究竟应该怎样记忆演讲内容呢？

第一步，把需要演讲的内容分段。首先是要把演讲的过程分段，这个过程一般会分为三段，即开场白、内容、总结；其次是针对演讲的主要内容分段，可以按照实际演讲的内容进行划分，但是人们一般都会把内容分为三段、五段或者六段，基本不会超过六段。在这样分段之后，我们就可以根据每个段落的重要程度来分开进行记忆，这样就会方便很多。比如，开场白和总结，我们就不需要花费太多时间去记忆，而主要内容则可以多花些时间去记忆。

第二步，找到每段的关键字或者是关键词。在把演讲内容分段之后，我们就可以根据每段的主要内容，提炼出各段的关键字或关键词。在这里，如果害怕记不住，我们还可以把关键字和关键词与一些具体的实物联系起来，用具体的实物代替关键字或关键词，这样在演讲的时候就可以通过这些实物来提醒我们想起演讲的内容。

第三步，把关键字和关键词整理成提纲。当我们把每段的关键字或者关键词总结出来之后，自然就会形成一个关于演讲稿的提纲，只要我们记住这个提纲，记忆演讲内容就会更加轻松。

第四步，发挥想象力。在前三步都结束之后，我们需要记忆的东西已经大致被总结出来了。在这种情况下，我们就需要发挥自己的想象力，时不时回忆一下段落、关键字词和提纲等，这样能避免遗忘，进而加深我们的记忆。

第五步，朗读演讲稿。当我们通过想象记住演讲的大致内容和顺序之后，可以选择对完整的演讲稿进行朗读，朗读能够加深演讲内容在我们大脑中的印象。在朗读的过程中，随时发挥想象力，把朗读的内容和演讲稿的提纲进行结合。这样朗读，想象，再朗读，再想象，反复循环，很快就能够把演讲内容记住。

通过上面的五个步骤，我们应该就能够把演讲的内容记住。但是，究竟能达到什么样的记忆效果，还要根据演讲稿的实际情况。如果是枯燥无味并且没有条理的演讲稿，可能需要我们花费比较长的时间才能记住，如果是十分有条理的演讲稿，记忆起来就会非常容易。

那么如何制作有条理、方便记忆的演讲稿呢？

第一点，列提纲。就是列出演讲稿中应该有的主要内容，使演讲稿有一条清晰的线索和主线，这对我们的记忆会有很大的帮助。

◇ 造成演讲忘词的原因 ◇

　　在现实中，很多人明明已经准备好演讲内容，却在当众演讲的过程中会出现忘记演讲内容的情况，也就是我们常说的忘词现象，那么，是什么原因造成这一情况呢？

> 我肯定讲不好，怎么办啊？

1. 对自己没有信心

　　没有自信的人往往会妄自菲薄，认为自己不能够讲好，自己都缺少信心，忘词也就不可避免了。

2. 害怕

　　当众讲话的时候下面一定会有很多人，可能有几百双眼睛盯着演讲的人，这样就给台上演讲的人造成很大的压力，进而产生恐惧的心理，害怕自己忘记之前记住的演讲稿的内容，越紧张害怕就越容易忘记。

> 下面该说什么来着？

　　其实只要在演讲的过程中保持平常心，把演讲稿从头到尾顺利地背诵出来，这样演讲就能非常完美地结束了。

第二点，把提纲中的内容部分详细划分成几点，这样提纲的条理会更加清晰，提纲的主要内容会更明确。可以避免因为在制作提纲时的无条理导致的记忆困难。

第三点，讲故事。在制作出提纲之后，我们需要做的是把我们演讲的主要内容添加上去。这样，一个演讲稿就基本完成了。但是，这个时候的演讲稿还并不算完整，因为其中的内容一定都是理论方面的东西，让人难以理解，听众在听的时候很可能会昏昏欲睡。因此，我们应该准备一些具体的故事或案例加入演讲稿的主要内容中，一方面丰富演讲稿，另一方面也使演讲稿更能吸引人的兴趣。这样我们记忆起来就会轻松很多。

总之，只要有一个条理清晰、能让人产生兴趣的演讲稿，再结合我们前面所说的记忆方法，记住演讲的内容根本就不成问题。

记住一连串数字的方法

数字记忆法并不是利用数字记忆信息的办法，而是指一种用于帮助人们记忆各种各样的数字的办法。

日常生活中，我们经常需要和数字打交道。很多时候，一些重要的数字要求人们必须要记住，如一些对自己很重要的人的生日、各种纪念日、节日和一些重要的日子等。而且，像是这样和日期有关的数字，在自己必须记忆的数字中应该算是比较短的，还有一些比较长的数字同样需要记忆，如电话号码、身份证号码、银行卡号码以及密码、车牌号码、QQ账号和某些网站注册的账号或密码等。

数字本身是单调的，如此多需要记忆的数字，有些人可能听起来就会头疼，更不要说想办法去记忆。可能会有人认为，没有人能够在单调的数字方面表现出非常好的记忆力。但是实际上并不是这样，历史上很多著名的人，都表现出了超强的数字记忆能力。比如，著名的天文学家赫歇尔，他能够记住在进行天文运算的过程中用到的所有数字，包括小数点后面的数字，而且还能够把复杂的数字运算放在大脑当中进行，并把结果直接口述给他的助手，据说他曾经花费了半天的时间记住75000多个数字，以及这些数字相互之间的关系。著名的数学家瓦利斯，在数字记忆方面同样是天才式的人物，不论数字有多么长，他都能够凭借自己的记忆，将数字开平方根到小数点之后的第四位，据说有一次他凭借自己的记忆将一个长达三十位的数字开取了立方根。再有就是著名的数学天才卡尔伯恩，他在数字记忆方面算得上最杰出的一个，据说他能够瞬间进行分秒的计算，有一次，他甚至瞬间就算出了48年的时间到底有多少分和多少秒，他还能够快速得到任何六位数和七位数的因数以及任何数字的平方根、立方根以及质数。

在现实生活中，很多人都对记忆数字有一定的抵触心理，觉得自己根本就记不住那么多的数字。这种担心是完全没有必要的，人们应该能够发现，很多数字都已经被我们在不知不觉中就记住了，如自己和父母的生日、自己和父母的电话号码、银行卡号码和密码、QQ账号以及一些重大的节假日等。严格意义上来说，人们其实并没有刻意去记忆这些数字，但是它们却仍然储存到了人们的记忆中，这主要是因为这些数字和日常生活有非常紧密的关系，经常会被用到，所以人们才能记忆深刻。事实上，任何一种和日常生活紧密相关的事物，或者是生活中经常用到的事物，记忆起来都非常的方便。但是，在日常生活、工作和学习中，有很

◇ 如何轻松记忆数字 ◇

对大多数人来说，数字的记忆是十分困难和枯燥的，想要轻松记忆各种数字，并不是运用正确的记忆方法就可以，还要做到以下两点：

1. 培养对数字的兴趣

"兴趣是最好的老师"，培养出对数字的兴趣，只有这样，才能真正提高记忆数字的能力。

2. 不断练习

没有练习，再大的兴趣也不会真正有助于人们记忆。因此，想要真正地记住数字，必须要对数字有一定的兴趣，同时还要运用一定的方法，并且经常练习。

如果能做到以上两点，再配合正确的数字记忆方法，记忆数字对人们来说就完全不会成为问题。

多数字对人们来说不是常用的，但是非常重要，必须要记忆，这时候要怎么办呢？或许有人会说可以死记硬背，这的确是一种解决的办法，在需要记忆的数字少的时候或许还可以，一旦数量多了起来，这种办法不能彻底解决问题。因此，必须要找到一定的科学方法才可以。

大多数人之所以对记忆数字不感兴趣，记忆数字困难，主要是因为一些数字没有任何的意义，这就像你走在大路上看到路的两边种满了树一样，对你来说没有任何的意义，你当然不会去记忆它们。但是数字又和路两边种的树不一样，树是以一种视觉图像的形式进入人们大脑中的，即使人们不去刻意记忆，它也能短暂存储在人们的记忆中，甚至是变成长期记忆，数字却不行，数字根本没有办法形成视觉图像，因此，记忆数字远比记忆视觉图像和听觉印象要困难得多。

既然人们记忆视觉图像和听觉印象，要比记忆单纯的数字简单很多，那么把数字和人们的视觉图像和听觉印象联系起来，用来帮助人们记忆，当然是一种记忆数字的好方法。这种方法就是把数字转换成人们自己熟悉的、特定的视觉形象代码或者是听觉形象代码，由于任何数字都是由1、2、3、4、5、6、7、8、9、0这10个基本数字组成的，因此这种方法其实就是把1、2、3、4、5、6、7、8、9、0这几个数字，用其他的人们能记住的形象来代替。比如，1=房子、2=汽车、3=水杯、4=电脑、5=书、6=衣服、7=椅子、8=香烟、9=打火机、0=口香糖，随后根据数字的具体组成情况，运用自己的联想，把代替数字的形象，按照数字组合的顺序连接起来，组成一个词语、一个句子或一段话。比如，26这个数字，就可以想象成"汽车穿上了衣服"。这样，由于用视觉图像代替了枯燥并且无意义的数字，使这个数字也能够在大脑中形成一个形象，对人们记忆数字有很大的帮助。

当然，具体用什么样的视觉或听觉形象来代替数字，并不是固定的，这需要人们根据自己的喜好、专业等实际情况而确定。另外，把数字转化成形象，并不局限于只能转化一位数的数字，在人们需要记忆一些非常长的数字的时候，也可以用视觉形象来代替两位或者是三位数的数字，这需要根据实际情况去选择。

关联法也是记忆数字的好方法，只不过因为各种条件的限制，关联法主要用于记忆一些特别的数字，这需要根据可以关联到的内容来决定。比如，一个人住的地方的门牌号是119，如果怕记不住，就可以根据火警电话来记忆。再如，可以根据中华人民共和国成立的时间记住1949、可以根据北京奥运会记住2008等。

快速准确记住外语的方法

外语记忆法是人们学习外语时需要用到的记忆方法，它能够加强人们对外语的记忆，提高人们学习外语的效果。

现如今，以英语为代表的外语，越来越多地进入人们的生活当中。比如，很多工作职位的要求中有英语四级或者是英语六级，很多人需要经常和外国人接触，很多外国的产品进入中国的市场，很多外国的信息需要人们翻译过来之后才能够在中国传播等，这些都要求人们应该对外语有一定的了解，甚至是要学好一门或是多门外语。

或许有人会觉得学好外语并不难，如学习英语，有很多人就能够在英语考试中考一个很高的分数，但是这并不代表就学好英语了，如果让他们去和外国人对话，他们不一定能够做到和外国人顺畅地交流，这就不能说是学好了外语。真正学好了外语，是指能够用外语和别人熟练地进行交流，就像是我们用汉语和别人交流一样，这种程度显然大多数人做不到。

究竟是什么原因，造成了人们学习外语时的困难呢？

首先，外语和我们的母语没有任何关系。大家都知道，汉语是由"横、竖、撇、捺"等组成的，而外语却是由"a、b、c、d"等字母组成的。就比如说"你好"这个词，我们中国人说的就是"你好"，而外国人说的可能就是"Hello"，这两个词的意思虽然是一样的，但是从外表上看却没有一点相同的地方，字形不同，组成的方式也不同，如果不知道这句外语的意思，可能没人会把这两个词联系到一起。联系是人们记忆一些信息最重要的方式和方法，我们从小开始学的是汉语，多年以来，说的也是汉语，突然之间学外语，却发现外语和汉语之间没有任何联系，当然很难被人们记忆。

其次，发音不同使人们无法掌握一些词汇。我们从小到大学的都是汉语，发音也全部是按照汉语拼音的规则，早已养成了习惯。但是相同意思的外语和汉语，发音却有非常大的不同，导致人们很难记住外语的发音。另外，最初学习外语的人，甚至有可能会按照汉语拼音的形式去拼读外语，这同样会导致外语发音的错误。大家都知道，学习一种语言最开始和最重要的都应该是说出来，就像我们学习汉语都是先学发音，然后才能学习其他的方面，如果连发音都弄不清楚，又怎么能学好外语呢？

最后，外语代表的不单单只是一种语言，它还代表着其他国家居民的思维方式、生活方式、行为以及各种观点。很多时候一句话是可以用不同的方式表达出来的，不同的人，即使表达同样一种观点，同样可能用不同的方式，这些可能是人们所处的环境、

◇ 学好外语的三个小技巧 ◇

　　在全球化的今天，外语的学习显得越来越重要，那么，在日常生活中我们怎样做才能学好外语呢？

Hello!May
I help you?

1.要多进行实践，保证外语的熟练程度

　　如果学习外语之后长时间不运用，人们就很有可能忘记。因此，想要记住，在平时一定要多说。

2.要有一定的感情投资

　　这里所说的感情投资，指的是在条件允许的情况下，可以和外国友人建立良好的关系，这样既能多使用外语，也能在互动中提升外语运用能力。

English Fun!

3.培养学习外语的兴趣

　　一定要增加自身学习外语的兴趣，否则无论多有利于记忆外语的记忆方法，都不能产生任何的作用。

思维方式或者是生活的方式不同造成的。我们和外国人在这方面就有很大的差异，我们的一些行为在外国人看来可能会无法理解，外国人的某些行为在我们看来可能也莫名其妙，这种差异全部都会体现在语言上。因此，这导致我们按照自己的意思去说外语时，外国人可能会理解错误或者不能够理解。

做任何事情的过程，其实都是一个发现问题和解决问题的过程。既然已经找到了我们学不好外语的原因，那么接下来就是找到一个正确的方法，解决问题，帮助我们学好外语。这样就用到了外语记忆法。

第一，人们在学习外语的时候，应该及时进行形象联想。

联想能够有效地提高记忆效率，形象联想能够把我们学习到的外语和其所要表达的意思迅速联系起来，使人们快速理解外语的意思，超越从外语到我们的母语的翻译过程。我们都知道，人们充分理解的信息，要比那些没有被理解的信息更容易记忆。如果我们能准确理解外语表达的主要意思，学习外语也就更轻松。但是，在使用形象联想的方式记忆外语时，有一个重要的要求，就是要时刻记住外语的读音，毕竟外语的发音和我们母语的发音有很大的区别。人们在记忆外语时，使用形象联想的具体方法是：把所学的外语，想象成一个具体的形象，并且尽可能准确地重复外语的发音；想象一个场景，将自身置于场景当中，身体要做出与外语所表达的意思相应的姿势，同时嘴里不停地念我们所学的外语。

第二，学习外语的时候要专心致志。

所谓专心致志，指的是把精力都集中在一件事情上面，聚精会神，不能有半点马虎。这里的意思是说在学习外语时，要把所有的精力都集中在外语词汇的含义和外语句子的结构上。外语词汇的含义和外语句子的结构，是人们学习外语时必须要掌握的，它可能包含着很多信息成分，也可能和我们学习过的知识有很密切的联系。因此在学习外语的时候必须专心，时刻准备把外语词汇或句子结构与人们大脑中已经记忆过的知识联系起来，帮助人们记忆，这样会对学好外语或者同时学好几门外语有很大的帮助。

第三，要养成把外语的发音和我们母语的发音联系到一起的习惯。

学习一门外语，最重要的就是能够把语言表达出来、说出来，因此掌握外语的读音是十分必要的。在学习外语时，每当听到一个新的单词的发音时，在母语中找到一个发音相同或相似的字，把两者结合在一起，是掌握外语准确发音的重要办法，这种方法能够显著增强人们对外语的记忆能力。这种方法经常会被用到，甚至可以说这是初学者运用的最熟练的方法，如在最开始接触英语时，就有很多人都会用汉字来表示英语单词的读音，以便使自己记住外语的读音。

第四，要学会分析。

分析主要是为了弄清楚要学习的外语词语在一篇文章中所表达的意思，然后用自己熟悉的方式编一小段故事，把要学习的词语全编到故事中，以此来帮助人们记忆。越是熟悉的方式，人们记忆得就越快。

第五，要进行科学的复习。

复习是巩固记忆的必要条件，想要让单词长期记忆在自己的大脑中，就必须经常对单词进行复习。当然，复习也需要科学合理的方法。首先，要合理安排复习的时间。记忆的遗忘规律表明，信息的遗忘速度是先快后慢的。新学的单词如果不及时复习，几个小时内就会遗忘很多，随后遗忘的速度才会减慢。因此，必须要掌握好复习的时间，如你周一晚上的 8 点记住了一些新学的单词，那么在 10 点的时候要复习一次，随后在周二早上要复习一次，周四复习第三次，周日需要复习第四次。这样安排才能使你对单词的记忆达到最好的效果。其次，科学合理地复习并不是简单地机械重复，而是需要在分析的基础上，得到新的体会，并且加入个人思考，把新知识和旧知识更好地结合起来，这样才能达到最好的复习效果。比如，我们学习一个单词，在复习的时候并不是不停重复读这个单词，可以给它加上前缀或后缀，也可以放到句子中，这样我们的记忆会更深刻。再次，要把识记和回忆结合起来。识记是把新单词储存到记忆系统中，而回忆则是把单词从记忆系统中提取出来，是识记的逆向性过程。将识记和回忆结合起来复习，效果会更好。一方面，如果回忆成功，就巩固了已经记忆的单词；另一方面，如果回忆不成功，也可以迅速找到薄弱的环节，重新进行记忆。最后，选择正确的复习方法和方式。比如，可以采用集中复习和分散复习相结合的方法，也可以采用循环记忆法或其他的方法，这样复习效果会更好。

第九章
着眼身边事，让过目不忘
在生活中闪光

记些逸闻趣事，愉悦你我他

在日常生活中，人们经常会为了调节气氛或逗别人开心而讲一些逸闻趣事。当人们的逸闻趣事讲完之后，紧张的气氛会变淡，不开心的人也会变得很开心。但这只发生在人们把这些逸闻趣事讲述成功的情况下，很多时候，逸闻趣事的讲述可能不会成功，这就会导致本来挺好的气氛变得不好，尴尬的气氛变得更尴尬。这种情况究竟为什么会产生呢？又应该怎样解决呢？

产生这种情况的原因主要有两种：第一种是听众对事情另有看法，你说的事不能让他们产生兴趣；第二种是因为你自身对逸闻趣事记忆得并不清楚，忘记了主体部分，只讲出了一些细枝末节和不主要的部分，这种不完整的逸闻趣事当然不会让别人产生兴趣。

看法不同这种情况很好理解，就是说能够让你发笑的事情并不一定也能让别人发笑。比如，"一个人被狗咬了，特别惨"，你听了这件事情可能会觉得很好笑，觉得一个人居然能被狗咬，还咬得那么惨，这个人真可笑；但是别人听过之后可能觉得一个人被狗咬得特别惨这种事没什么可笑的。这就是因为对待问题的看法不同。如果你讲的逸闻趣事没有活跃气氛和引起别人发笑，是因为别人笑点过高，那就没办法了，这属于是特殊原因，是人与

◇ 逸闻趣事的来源 ◇

一般来说，我们脑海中的逸闻趣事有以下两种来源：

> 当年我参加过妇救会，给解放军做过鞋、送过粮……

1. 自己的亲身经历

自己亲身经历的逸闻趣事，我们并不会记不清楚，在细节上也不会忘记。

2. 听别人讲述的或者是自己从某个地方看到的

值得注意的是，人们听别人讲述的或从其他地方看到逸闻趣事时，会忽略其中的重要部分，从而导致自己在给别人讲这些事情的时候不能提起别人的兴趣。

人之间的不同所造成的，如果想要让别人发笑，只能下次讲一个能刺激别人笑点的逸闻趣事了。

因为对逸闻趣事记忆得不清楚，从而导致自己讲的时候不能活跃气氛和引起别人发笑这种情况，发生的概率更大一些，可能所有人都碰到过这种情况。

基本上，每个故事都有一条主线，或者是一个或几个关键点，去掉这些东西，故事就只能变成平淡无奇的叙述，不能勾起任何人的兴趣。就像故事《丑小鸭》，它的主线是丑小鸭变成白天鹅，去掉这一点，这个故事根本没有任何吸引力，就会变成丑小鸭受排斥，同类们都讨厌它，它很自卑，因为它和别的鸭子不一样，它很丑。这些东西讲出来有什么意义，难道是为了让丑小鸭诉苦吗？按照正常的思维去思考，它自身的实际情况，导致了它的遭遇，这是正常的因果关系，根本就没有吸引人的地方。但是加上它变成白天鹅就不一样了，不仅让故事变得更有吸引力，同时也更有意义了，它告诉了人们只要努力，就总会有被别人羡慕的一天。这样才是一个有吸引力的完整故事。

只要记住逸闻趣事中重要的部分，就不怕别人不被你讲的事情吸引。哪怕是你只记住了重要的部分，对那些不重要的根本没记住，只能靠自己编，这也没有任何问题。

因此，要把逸闻趣事记忆清楚的办法非常简单，那就是记住事情的重要部分，包括事情的主线或者关键点。只要把这些东西记忆清楚，其他的可以根据这些部分进行联想，也可以自己随意发挥。

例如，有这样一则逸闻趣事：

一个人对写作小说很感兴趣。一次，他碰到了一个著名的作家。他鼓起勇气对作家说："我对写小说很感兴趣，但是有一个问题不明白，想向您请教一下。您能告诉我一部小说应该有多少字吗？"作家觉得这个问题莫名其妙，但还是回答了他："这要根据小说的具体情况来定，一般来说，一部短篇小说大概只需要7万字就够了。"这个人显得非常激动，对作家说："您的意思是，只要有7万字就是一篇小说了吗？""是的。"作家回答。这个时候，这个人突然激动起来："哦，太好了，我的小说终于完成了。"作家惊呆了。

如果记忆这个事情，那么只要记住它的精髓就行了。整个故事讲的最重要的事情就是小说，如果扩展一下，有7万字就相当于是一部小说了。我们只要记住这两点，再记住一些其他的线索如作家、写小说等，就完全可以回忆起整个事情，并且不会丢掉重点部分；如果没有记住那些线索，根据我们记住那两点重新编一个故事也完全不是问题。反正讲述逸闻趣事的主要目的是让人感兴趣和开心，并不是单纯记忆这个故事。

琐事记不好，烦事少不了

在日常的生活中，人们总是无法避免和各种琐事打交道。虽然有时候这些琐事看起来并不是多么重要，也不会引起人们的特别注意，但是一旦忘记，必然会给人们带来一些烦恼，甚至是更严重的后果。比如，明明家里没有盐了，但是在做菜的时候才发现忘记买了，这时商店又关门了，没办法，只能吃一顿没有放盐的菜，这对那些对饭菜要求高的人来说，是一件很痛苦的事情；再如，早上出门的时候忘记关闭水龙头了，结果晚上回来发现自己家被淹了，连带着楼下的住户也遭受了水灾，这同样会给人们的生活造成一定的影响；还有托别人从外地买了一些自己很喜欢吃的食物，因为舍不得吃，于是就收着放了很久，直到再次想起时才发现已经过期，不能再吃了，这时候人们也会感到懊悔。

实际上，这种对琐事的遗忘现象，是完全可以避免的。只要

◇ 忘记琐事的破解方法 ◇

人们生活中必须要做的琐事太多，导致人们经常会忘记一些小的事情，对人们的生活、工作和学习都会产生一定的负面影响。那么如何解决这一问题呢？

1. 要让这些事情变得可视化，也就要求人们及时对事情进行回想，或者多进行联想，可以把所有的事情放在一起联想，也可以单独进行联想，这样方便人们回忆。

2. 可以借助辅助工具，如笔记本、小纸条等，把一些重要并且容易忘记的事情记在上面，同样能达到防止遗忘的目的。

还需要买……

总之，只要能够找到正确的记忆方法，对生活中日常琐事的记忆完全不会成为问题。

我们能够运用一些正确的记忆方法，就可以杜绝因琐事的遗忘而带来的烦恼和各种影响。那么究竟该怎样记忆日常的琐事呢？

在日常生活中，人们会忘记的琐事种类有很多，主要包括忘记某些物品摆放的位置、忘记做某件细小的事情、忘记和别人约好的时间与地点以及一些其他的琐事等。对不同种类的琐事，想要避免发生遗忘现象，需要的记忆方法也是不同的。

第一，忘记某些物品摆放的位置。

当我们急需要用到某件自己拥有的东西时，却发现完全不记得自己把它放在哪里了，这种事情经常会发生。比如，我们修理物品时需要用到的钳子等工具，经常会找不到，这时人们就会感觉很着急。这种情况的发生，通常是因为人们不经常用到这些物品，所以根本就不重视它们摆放的位置。想要解决这个问题，必须要按照正确的方式记忆物品的摆放位置。

首先，要树立自信心。这里的自信心并不是要求人们必须记住物品的摆放位置不可，而是说当人们在这上面吃过一次亏之后，要告诫自己一定不会出现这样的情况。所谓"吃一堑长一智"，必须要接受教训。同时，也是树立一种任何事物都能记住的信心。

其次，对家中的各种物品不要随意摆放，要根据物品的种类，分门别类进行摆放，这样，只要找到同类物品，就一定能找到自己需要的物品。物品的种类是多种多样的，如钳子、螺丝刀等属于工具类，银行卡、身份证等属于重要物品类，衣服、裤子等属于服装类，等等。对不同种类的东西，一定不要随意放在一起，而是按照各自种类，找到一个最适合地方摆放，而且在每次用过之后不能随处乱扔，必须要按照原来的位置重新放回去，这样就再也不会因为找不到某些物品而苦恼。

最后，一些比较贵重的物品，可以通过有意识地联想进行记忆，或者和一些不经常移动的固定物品放在一起，甚至可以做上标记。比如，户口簿、房产证、存折等重要物品，可以用袋子把它们装在一起，同时做上一些标记，放到一个固定的地方，这样就不会再出现遗忘的现象。

第二，忘记做某件细小的事情。

一个人每天必须要做的事情是很多的，其中会包括一些比较重要的事情，同时也会包括一些比较细小的事情。但是，人们经常出现的状况是重要的事情做了，并且得到了一个完美的结果，而那些细小的事情却想不起来，忘记去做了。比如，一个人一天要做两件事，一件是去银行办理一件重要的业务，还有一件是下班回家时买一袋盐，对这种情况，很多人就会把在银行办理业务这件事情处理得很好，对下班回家买盐这件小事却忘得一干二净，结果就导致晚上吃菜只能吃淡的了。很多时候人们会告诫自己这件小事第二天不要忘记，但是到了第二天还是会忘记，这种情况该怎么样解决呢？

对这样的情况，解决的办法主要有三种。第一种是在前一天晚上，做好第二天的计划，并且把所有事情编上序号，第二天按照序号一件一件去做，有条不紊地进行，就不会发生遗忘。这种做法能够牢牢地抓住做事情的主动权，不会因为事情太多而陷入事情堆当中，导致忽略一些事情。第二种是把事情按照时间顺序或重要程度顺序，进行一些奇特的联想，通过自己的联想来指引自己去做所有的事情。第三种办法就是把所有要做的事情都记录在一个笔记本上，经常拿出来看看，这样就不会忘记某些事情。当然，这种方法有一些缺点。比如，需要人们经常把笔记本拿出来查看，但是人们却不一定有那个时间，还有就是笔记本容易丢失或忘记携带等。但是如果前两种方法实行起来比较困难，那这就是最简单的方法。

第三，忘记和别人约好的时间及地点。

社交活动是人们生活中不可缺少的，我们经常会和同学、同事、朋友等约好一起去做一些事情，如吃饭、看电影等。但是有些时候，因为工作忙等原因，人们很可能会忘记这样的约会，等到时间过去，再次和别人见面或者打电话被询问原因的时候，就会显得非常尴尬，因为这样的事情使朋友之间的友情产生裂痕也不是不可能。那么我们该如何避免这样的事情发生呢？最好的方法是对时间和地点进行联想。必须要在约定了时间和地点之后马上进行联想，比如，朋友约你周末去吃饭，你就可以想象你家门口就是饭店，一出门就能闻到一股非常香的味道，同时你的朋友站在日历上，手指着周末那一天，瞪大眼睛看着你，这样你就会想到自己和朋友约了那天吃饭。当然，如果这种方法你觉得实施起来有些困难的话，还可以用笔记本等东西记录下来，但是一定要保证经常翻看并且不能丢失。

记忆音乐，旋律了于心

任何人的大脑都会对音乐有一定感知的能力，这个能力是天生的，但是每个人感知音乐的能力却并不相同。对同一首音乐，有些人可能毫不费力就能掌握，有些人可能花费很长时间也不能很好地掌握；有些人演奏的时候可能不需要曲谱，还有些人在演奏的时候可能需要不断地翻看曲谱。这些都反映了人们在记忆音乐的能力上的差距。

◇ 音调的记忆方法——循环记忆法 ◇

想要记住音调，最好的记忆方法是循环记忆法：

……我爱你我的祖国……

1. 在听过一小段之后，反复对这段进行练习，一直到熟练准确地哼唱出来。

这一段比上一段要强烈一些……

2. 然后继续听下一段并练习，熟练掌握之后，把这两段放在一起进行练习。

以此类推，直到把所有的音调全部记住为止。

168

现实生活中有很多人都喜欢音乐，也有一些人梦想成为一个音乐家，但是有的人可能就是因为不能记住各种音乐而和自己的梦想失之交臂，毕竟想要成为一个音乐家，就必须要有一个超强的记忆音乐的能力。历史上很多著名的音乐家，都是著名的音乐记忆强人。比如，莫扎特、贝多芬、哥特沙尔克、维安尼斯、门德尔松等。

莫扎特在 14 岁的时候，只听了一次《上帝怜我》，就能够把它的曲谱完整写出来；贝多芬能够记住他听过的所有音乐作品，无论多么复杂，他都可以通过记忆重现；哥特沙尔克可以凭借自己的记忆演奏几千首音乐作品；维安尼斯因为能够记住乐谱中的任何音符，所以他在指挥歌剧时很少带乐谱；门德尔松在没带曲谱的情况下，通过记忆演奏了《仲夏夜之梦》序曲，也指挥过巴赫的《耶稣受难曲》公演。

对音乐的记忆，实际上是对音调和音符的记忆，而音调记忆属于听觉印象，音符记忆属于视觉印象，两者之间有一定的差别，因此在记忆的过程中，应该根据不同的情况，分开进行讨论。

如果是对音调记忆不清楚，想要着重去加强对音调的记忆，那么应该用一切的机会去听音乐，并且平时要努力在记忆和想象中，重现听过的音乐。这样的做法实际是为了培养我们对音乐的兴趣。音调记忆属于声音印象，一般来说我们记不住声音的原因，都在于兴趣和注意力的问题。因此，想要记忆音调，第一点必须努力提高对音乐的兴趣。要让音乐进入我们自身的灵魂，成为身体的一部分，这样我们就会感受到音乐的意义。感受越深，记忆就越深刻。当然，只是听还不可以，还需要用到记忆方法的帮助。

如果是对音符记忆不清楚，可以运用循环记忆法加强记忆：

先记住一小节音符，然后再添加一小节，同时不断进行复习，最终也能够把所有音符全部记住。另外，把每个音符都变得可视化，使我们能在大脑中看见，能够进一步加深对音符的记忆。因此，在学习音符之后，必须在大脑中展开联想，使各种音符都变成图像，呈现在我们的大脑中，这样我们记忆中的音符数量就会大大增加。同时还要加强音符和音符之间、音符和声音之间的联系，这样当你看见一个音符时，你就会听见它的声音；当你听见一个音符响起的时候，你就会看见乐谱中的它。当然，除了用把音符视觉化的方式进行记忆以外，还需要加入代表琴键、时间、表情和动作等象征的符号，用来加深对音符的理解。在记忆的过程中，可以记住乐谱中某些特定的内容，这样亲身体会的感觉会更加深刻，记忆自然更加深刻。

在记忆音乐的时候，应该按照从简单到困难的顺序进行。这是因为越是简单的音乐，就越容易记忆。

记住别人的名字和相貌很重要

随着社会的发展，人与人之间的关系越来越多样化，交往也越来越多，因此，记住别人的名字和相貌，对我们来说也变成了一件非常重要的事情。很多时候，记不住别人的名字或相貌，会给我们带来一些不必要的麻烦和尴尬。比如，你和朋友走在街上，突然看见一个熟人，于是你和他打招呼、寒暄，等到双方走远之后，你的朋友问你刚才那人是谁，你突然发现好像不记得那个人的名字，是不是很尴尬？所以说，记住别人的名字和相貌非常重要。

每个人可能都会有自己的一套方法去记忆别人的名字和相貌，虽然都能记住，但是有人记得快，有人记得慢，并且记得慢的人总

◇ 学会使用观察法记住别人的相貌 ◇

记住一个人的相貌，最直接最简单的方法就是通过观察法，仔细观察对方的特征从而记住对方的相貌。那么，如何使用观察法呢？

> 这人身高175厘米左右，体形微胖……

1. 在第一次见面时，先用眼睛仔细观察对方几秒钟时间，主要是看对方的整体形象和特征，包括身高、肤色、体形、年龄、风度等。

2. 同时，还要把对方特有的特征记在脑海中，如脸形、发型、眉毛、眼睛、鼻子、耳朵、胡须、嘴、有无明显的疤痕或者痣等。

> 他说话有山东青岛的口音……

3. 如果对方实在没有什么明显的特征或突出的地方，那就联系表情、性格、气质、口音等其他特征来记忆相貌。

在观察之后，还要有意识地把对方的相貌特征在心中重复几遍，努力记住它。

是羡慕记得快的人天生有一个好记性。实际上，记忆别人的名字和相貌快的人，并不是因为他们天生记忆力就好，而是因为他们在记忆的时候选择了正确的方法，并且经常使用正确的方法进行练习。

能够快速记忆名字和相貌的方法并不是单一的，人们可以选择最适合自己的方法进行学习和应用。

1. 记忆名字的方法

记住名字是对别人的一种尊重，有人说："世界上最悦耳的音乐莫过于自己的名字。"因此我们要努力记住别人的名字。在学习记忆名字的方法之前，我们首先要弄清楚记清别人名字的前提条件，那就是要确定在最开始的时候就听清楚了要记忆的名字，如果连这个都没有弄清楚，那就根本不可能记住别人的名字。事实上，大多数人总是记不住别人的名字，就是因为他们在最开始的时候就没听清楚。还有一点就是对别人的名字，如果你根本就不去记，却总吵着说自己记不住别人的名字，那谁都帮不到你，给你提供再多的方法也没有任何意义。

只要确定了这两个前提条件，再配合下面提供的记忆方法，就一定能快速记住别人的名字。

第一，印象法。

想要记住任何事物，都必须让这件事物在大脑中留下足够的印象。如果对方的名字没有在你的大脑中留下足够深刻的印象，你是不可能记住的。一般来说，我们需要记住别人名字的时候，都是第一次见面，双方相互介绍之后，如果是一个你经常见面的朋友，你根本就不需要刻意去记他的名字，因为你的大脑中有足够多关于他的印象。所以，在第一次听到一个名字时，必须多多注意，有意识地让这个名字在自己的大脑中留下深刻的印象，这样才能让自己快速记忆这个名字。

第二，联想法。

由于每个人名字的不同，记忆的难度和方法也是不同的。比如，李小龙这个名字就很好记，因为你可以联想到已故的香港著名武打明星李小龙。很多名字都能让人产生联想，如一些知名人士、新闻人物的名字，和某个伟人、古人名字差不多的名字，意义明确、好听的名字，都能够在人们大脑中进行有趣的联想，从而给人们留下非常深刻的印象，记忆起来非常轻松。也就是说，对需要记忆的名字进行联想，可以加快我们记忆名字的过程。有些名字可以联想到节日，如李国庆可以联想到"十一"国庆节，宋建军可以联想到"八一"建军节，王重阳可以联想到重阳节；有些名字可以联想到一些耳熟能详的人物，如王重阳，就可以联想到《射雕英雄传》中全真教的祖师王重阳；有些名字则可以联想到一些职业或是爱好，如健康可以联想到医生，文博可以联想到作家；另外还有些名字，虽然不能联想到我们熟悉的东西，但是我们却可以运用奇特联想法来记忆，如任立松可以联想成人站立着要像一棵松等。为了方便联想，我们应该尽可能多地了解和对方有关的信息，这样记忆名字时会更轻松，也更深刻。

第三，笔记法。

笔记法就是用笔记本把需要记忆的名字记录下来。这种方法是一种很保险的方法，因为一旦我们记忆不清楚，可以随时把笔记本拿出来。但是必须要保证自己在记清楚名字之前笔记本不能丢失，否则还是没有任何用处。实际上，用笔记本记录名字，相当于起到了名片的作用，多看几遍，能够有效加深记忆。在运用笔记法时，做好记清楚对方的名字具体是哪几个字，不要记成同音字。同时，要尽量把对方的电话号码、工作单位等情况一起记录下来，信息越多，记忆就越方便。另外，运用笔记法时还会发现，有些人的姓名在字的结构上耐人寻味，能给人留下深刻的印象。比如，聂耳，名是姓的一部分；金鑫，名是由三个姓组成的；李木子，名是姓的分解等。发现这样的关系后，记忆起来会更方便。

第四，谈话法。

想要记住一个人的名字，就应该在和对方的谈话中，经常提起他的名字，但是在提起时不能含糊不清，必须非常清晰。这样不仅能给对方一种亲切感，同时也相当于对名字的不断重复。另外，应该把对方的名字和他的声音特征结合起来记忆，这样就能在谈话中更多地了解对方的各种情况，给回忆提供更多的线索，从而更有利于我们对名字的记忆。

第五，谐音法。

有些人的名字的谐音词可能是一个有意义的词语，这样的名字就可以通过记忆那个谐音词来记忆。比如，李想的谐音词是理想，奚望的谐音词是希望，魏来的谐音词是未来等。有些人的名字就是名和姓是谐音的，这种情况更好记，如刘流、杨洋等。

第六，形象法。

有些人的名字和具体实物对应，记忆这样的名字时，我们可以把姓氏和具体事物的形象结合起来进行记忆。比如，赵海燕、马熊是以动物为名的，柳青、柳红是以颜色为名的，张白露、李小雪是以节气为名的，李大海是以地理为名的，杨松、杨柏是以植物为名的。

第七，结合法。

把名字和见到对方的时间、地点，甚至是对对方的第一印象等情况结合起来，对我们记住对方的名字有很大的帮助。比如，白小娜的脸很红，张领很胖，第一次见到李旭是在北京这个美丽的城市，王刚是一名工程师，等等。这样我们就能通过对那些和名字有关的线索进行回忆来达到记住名字的目的。

2. 记忆相貌的方法

我们经常会把两个相貌相似的人认错，特别是双胞胎，长得几乎一样，很难分清楚，稍微不注意就会把一个人叫成另一个人，让人非常尴尬。想要避免这样的情况发生，只有我们把每个人的相貌都记清楚才可以。但是，有一些人长得确实太相似，特别是像双胞胎那样的，长得好像没有任何差别，根本不能分清楚。实际上并不是这样的，相貌是人和人之间最明显的差异，即使是双胞胎，在相貌上也有一些细微的不同。所以，记住一个人的相貌并不是一件很难的事情，前提是必须要掌握正确的方法。

第一，结合法。

结合法有两种使用方式，一种是把对方的相貌特征和其名字结合起来，达到名貌合一的程度，加深人们的记忆；第二种是把对方的相貌和与其见面时的情景结合起来，包括与对方第一次见面的地点、气氛、心情等，如你第一次见到某个人时，他的相貌让你感觉如沐春风。另外，记住和别人初次见面的时间、场所、目的、周围的人、谈话主题等因素，也能够为记住他的相貌打下坚实的基础。

第二，交谈法。

交谈法主要是通过反复交谈创造出更多的时间观察对方的相貌，从而记住其相貌的。同时，通过和对方的交谈还能了解对方更多的情况，为记忆对方的相貌提供更多的线索。但是，在交谈时有以下两点情况要特别注意，第一是交谈要紧贴见面的主要目的，不要漫无边际，脱离主题的交谈可能会让别人很快失去兴趣，使谈话不能顺利进行下去，也就不能达到加深对对方的印象的目的；第二是不要把谈话变成一问一答的审讯式，这种形式的谈话没有人喜欢，只会加快谈话的结束，同时也有可能让对方对你的印象变差，这也不利于记忆对方的相貌。

第三，联想法。

联想法就是把自己观察到的对方的相貌，进行一些有趣的联想，从而加深对方的相貌在大脑中的印象，帮助我们记忆。比如，对方的个子特别高，可以想象"他的个子像珠穆朗玛峰一样高"。

如果想同时记忆几个人的相貌，可以运用对比的方法，选择一个标准，从而找出最漂亮的、最难看的、个子最高的、嘴最大的等，这样在回忆的时候会有一条明确的线索，使我们的记忆更深刻。

事实牢记不忘的方法

所谓事实，是指已经发生过的事件，或者是已经确定下来的某项知识。对事实的记忆就是指对已经发生的事情的记忆。

一般来说，我们记忆的事实都是从自己的经验中得到的，也就是我们从自己看到过的、听到过的、经历过的事情中获得的信息。这些信息本来都应该在我们的大脑中留下深刻的印象，但是在很多时候，我们在回忆这些信息时却非常困难。比如，我们可能会记得自己经历过某件事情，但是这件事情的细节却无论如何也想不起来。这主要是因为我们在记忆各种事情时，总是通过时间或地点等线索去单独记忆，从来没有在它们之间建立必要的关联。换句话说，就是我们在记忆信息时没有采用正确的方法，使回忆时找不到某些线索。就像我们把很多不同类型的文件都胡乱放在了一个柜子里，等到需要某个文件的时候，虽然知道放在哪个柜子里，但是不知道具体放在柜子里的哪个地方，从而要花费力气去寻找。如果换成大脑中的信息，这样寻找当然更加困难。因此，人们在记忆各种事实的时候一定要采用正确的方法。

当一件事实发生的时候，一般都会带有很多条信息，如它发生的时间、地点、各种细节等。如果单独记忆，这些信息会储存在大脑的各个地方，甚至可能会和其他的信息混合在一起，在回忆的时候自然非常困难。因此，必须把这些信息关联到一起进行记忆，才是正确记忆事实的方法。但是要注意，这种关系必须是本质上的，如果只通过一些肤浅的和非重要的关系进行关联，我们在需要的时候依然没办法回忆出来，这些信息就没有任何用处。

对各种信息进行分析是找到信息之间关系的最好办法，人们可以通过对自己提问的方式来分析信息。当我们提出问题，并且得到答案之后，每一个与答案相关联的信息都会增加一条线索，并且很多线索之间会相互交叉，这样我们在回忆这些信息的时候，就可以通过这些交叉的回忆线索很容易把事实回忆出来。这种方法早已经得到证明。比如，苏格拉底和柏拉图就通过这样的方法引导自己的学生学习知识，使新知识和旧知识相互附着在一起，填补了知识的空白。

在记忆某件事实的时候，我们可以从下面这些问题中挑选几个对自己进行提问：

1. 它发生在什么时候？

2. 它发生在什么地方？

3. 自己什么时候听说过它？

◇ 把新信息与熟悉的已知信息归类在一起 ◇

能不能顺利地把各种信息关联起来，取决于已经储存在大脑中的事实体系。如果你在储存一件事实时，有意识地考虑到这件事实以后会不会用到，你在记忆事实的时候就会变得很容易。

我们在记忆的时候，要把最熟悉和最相似的事物储存归类到一起，这样记忆事实更加容易。

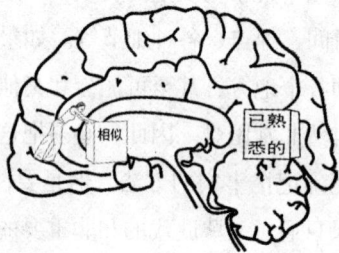

相似　已熟悉的

长脖子的马

长颈鹿

比如孩子，他看见一匹斑马，就把它看成有条纹的马；把长颈鹿看成长脖子的马；把骆驼看成有着长长的脖子并且背部拱起的马，通过这样的方式，孩子记忆这些会非常轻松。

其实很多人会不自觉地就选用这样的方法，相对来说，这也是一种记忆事实非常有效的方法。

4. 它发生的原因是什么？

5. 它有着什么样的属性、品质和特点？

6. 它的过去是什么样的？

7. 它是什么样的？看到它我们能联想到什么？

8. 它证明了什么？通过它我们能推断出什么？

9. 它能做什么用？自己应该怎样利用它？利用它之后会得到什么样的好处？

10. 它会带来怎样的结果？能引发出什么样的事件？

11. 它自身会有什么样的结局？未来是什么样的？

12. 自己对它的看法和整体印象是怎么样的？

13. 自己对它的情况总共了解多少？

在记忆某个事实的时候，不厌其烦地问自己这些问题，使所有信息都通过对这些问题的审查，就能够把各种信息关联在一起，从而轻易记住各种事实。另外，我们还可以通过这个事实在大脑中创立一个新的信息主题，从而使信息的记忆变得更加牢固。

只要把需要记忆的事实和已经记忆过的事实关联起来，记忆就很容易。这一点，只要我们检验一下就可以得知，一个事实会出现在人们的大脑中，那么它和某个之前记忆的事实之间一定有某种关联。比如，你听到某个遥远的列车轰鸣声，你会想到一辆火车，随后你会想到坐着火车出去游玩，然后想到游玩去的是某个遥远的地方，之后是想到在那个地方碰到了某个人，之后是在这个地方发生了一件事，通过这件事又想到另外一个人也做过这件事，之后想到那个人的朋友，这个朋友很有钱，他的钱是通过做生意的方式赚到的，通过他的生意又能想到做这种生意的其他人，随后想到你和这个人之间发生过的一些事情……这就说明我们记忆的各种事实当中确实存在这样或者那样的关联。

因此，想要记住一个事实，就要把和事实有关的各种信息关系关联起来，同时也要把这个需要记忆的事实和已经记忆的事实关联起来，这样会有效提高人们对事实的记忆效率。

记忆力的"超级高手"

记忆力具有巨大的可塑性，人的记忆力能够在记忆术的帮助下得到很大的提升。无数的历史已经证明，很多人的记忆力都是非常高的。

我们中国古代就有很多的神话传说故事，这些故事很多在早先并没有被记录，但是仍然能够传诵到今天，现代的很多人都能够讲上一段，靠的就是人们的口口相传。在那些没有任何东西能记录这些故事的年代，人们却能做到口口相传，靠的是什么？就是人们自身的记忆。

一些民族不见得有自己的文字记录这些东西，全是凭借自身的记忆一代一代传下来的。其实很多的神话传说和一些教派的教义在最开始的时候都是凭借着人们的记忆流传下来的。英国有一位 90 岁高龄的老太太，她的记忆力非常好，她能够背诵《圣经》当中的任何诗句，甚至是整个章节。当人们了解了原因之后才发现，她的这个能力并不是天生的，而是从年轻的时候开始，每天都会学一句《圣经》当中的诗句，并且经常练习，最后才在反复的练习中记住的。

在历史上，有很多非常著名的人物，他们的记忆力都是非常强大的。

亚历山大之后最伟大的皇帝米特里达特的记忆力就非常强大，

他能够把他浩大的军队中战士的名字全部都说出来，并且能够用22种语言和他们交谈。

古罗马著名的演说家昆图斯，能够在不做任何记录的情况下，记住所有对手的辩论话语。为了证明自己的记忆力，他还和别人打赌，把一场持续了一天的大型拍卖会中出售的物品名称、顺序、买家姓名和成交价格全部记住。

古罗马时代著名的哲学家塞内加的记忆力更好，他能够记住好几千人的名字，并且无论按怎样的顺序排列，他全都能倒背如流。比如，他让好几百人分别给他念了一首诗，之后，他能够按照顺序，一点不差地复述出来，甚至就连颠倒顺序也没有任何问题。

一个叫斯卡里格的人能够在3个星期内就记住完整的《伊利亚特》和《奥德赛》。

帕斯卡尔能够复述完整的《圣经》，其中的任何一个段落、诗行或章节他都能够随时随地地说出来。

年迈的苏格兰老乞丐、"盲人阿利克"也可以背诵《圣经》当中的任何诗句，还有很多书籍和章节。

俄国农民弗莎朵娃在17岁的时候就能够背诵25000多首诗歌、民间音乐、传说、童话和战争故事。

还有一个更厉害的人，是一个叫克拉克的美国人，据说他记得美国第一次总统大选以来每个州的具体选票数目，以及世界上任何一个国家所有城镇的准确人口数量，包括变化前和变化后的。另外，他还能够从任何一个地方开始背诵莎士比亚的剧本，也能够背诵希腊语原始版本的《伊利亚特》。

历史上与超强记忆力有关的事例，最著名的一件是英年早逝

◇ 普通人也可能是记忆高手 ◇

超级记忆高手，实际上就是拥有超强记忆力的人，他们可能存在于各行各业当中，而且并不一定是非常著名的人物。

1. 比如，某种零件生产线上的工人，或许他只是一个普通人，但是却能够对生产线上生产的每一个零件都了如指掌。

听闻公子最近新得一宝贝……

2. 演员们在演电影和电视的时候，有时候需要说很多话，但是他们却不能看稿子，只能用自己的记忆把台词全部记住，背诵得滚瓜烂熟。

事实上，这些人也称得上是记忆高手，只不过是平时很少有人注意到他们这方面。

的"神童"迈内可的事情。他是一个记忆力的天才，据说在他能够背诵整部《圣经》的时候，只有4岁，同时，他还能背诵200首颂歌、5000个拉丁单词和无数教会的历史、理论、教条和辩词等，各种神学著作也完全没有问题。再如理查德·波森能够记住荷马、莎士比亚等很多人的作品，无论是什么样的小说，他都能够在仔细阅读一遍之后记下来，他甚至还能完整地记住很多本英语评论。佛罗伦萨的图书管理员玛格利亚贝奇，能把图书馆的所有藏书目录和书籍的摆放位置全都记住，并且能够背诵出50万本各种语言和各类科目书籍的标题。

或许有一些人真的就是天生的记忆高手，但是在生活中我们发现，绝大多数人的记忆并不是天生的，有些人能够有超强记忆力是自己后天坚持正确方法努力训练的结果。既然能够用科学方法和持久努力的练习培养出超级记忆力，那么相信只要能坚持下去，每个人都能够成为超级记忆高手。

图书在版编目（CIP）数据

深度记忆：过目不忘的记忆秘诀 / 朱建国著 . --.
北京：中国华侨出版社，2019.10（2020.7 重印）
ISBN 978-7-5113-8038-8

Ⅰ . ①深… Ⅱ . ①朱… Ⅲ . ①记忆术 Ⅳ .
① B842.3

中国版本图书馆 CIP 数据核字（2019）第 190757 号

深度记忆：过目不忘的记忆秘诀

著　者：朱建国
责任编辑：黄　威
封面设计：冬　凡
文字编辑：胡宝林
美术编辑：吴秀侠
经　销：新华书店
开　本：880mm×1230mm　1/32　印张：6　字数：139 千字
印　刷：三河市众誉天成印务有限公司
版　次：2020 年 1 月第 1 版　2021 年 12 月第 6 次印刷
书　号：ISBN 978-7-5113-8038-8
定　价：35.00 元

中国华侨出版社　北京市朝阳区西坝河东里 77 号楼底商 5 号　邮编：100028
发 行 部：（010）88893001　传　真：（010）62707370
网　址：www.oveaschin.com　E－mail：oveaschin@sina.com

如果发现印装质量问题，影响阅读，请与印刷厂联系调换。